Zdeněk Martinek / Jaroslav Řehoř

TECHNIK MECHANISCHER UHREN

verständlich erklärt

Impressum

HEEL Verlag GmbH
Gut Pottscheidt
53639 Königswinter
Telefon 02223 9230-0
Telefax 02223 923026
Mail: info@heel-verlag.de
Internet: www.heel-verlag.de

Bei dem vorliegenden Buch handelt es sich um einen Reprint von 1968. Der Originaltitel der tschechischen Ausgabe von Zdeněk Martinek, Jaroslav Řehoř „Základy hodinářství" wurde aus dem Tschechischen von Jan Novotny ins Deutsche übersetzt, wissenschaftliche Redaktion und Bearbeitung Rudi Koch, Lektorat Dr. Erich Brendel. Reprint der 7. unveränderten Auflage mit einer kleinen Kürzung.
Die Rechteinhaber des Buches waren trotz größter Bemühungen leider nicht zu ermitteln.
Sollten Rechte Dritter bestehen, bitten wir um Benachrichtigung.

Herausgeber der Neuauflage: Michael Stern, Berlin

Digitalisierung: © Michael Stern, Berlin

Titelgestaltung: Axel Mertens, HEEL Verlag

Titelbild: © Adobe Stock

Printed in Czech Republic

ISBN: 978-3-96664-736-6

Zdeněk Martinek / Jaroslav Řehoř

TECHNIK MECHANISCHER UHREN verständlich erklärt

HEEL

Vorwort zur Ausgabe in deutscher Sprache

Uhren zu bauen, die aufs genaueste die Zeit messen, die außerdem viele Daten anzeigen, haltbar und formschön sind und die durch den Wohllaut ihres Spiels das Herz erfreuen, ist seit Jahrhunderten ein Ziel der Uhrmacherei. Und für jedermann sichtbar zeugen einfache und kunstvolle, kleine und große Uhren vom Können und dem Fleiß der Meister und Gehilfen.

Gegenwärtig erobern elektrische und elektronische Uhren das Terrain; Quarze schwingen statt Pendel und Unruh und teilen die Zeit. Die mechanische Uhr ist zur Technikgeschichte geworden, ihre Entwicklung hat den durch ihre Funktionsweise bedingten Abschluß erreicht. Noch immer aber sind mechanische Uhren zu reinigen, zu reparieren und zu regulieren. Ja, sie erfreuen sich bei Fachleuten und Laien, bei Sammlern und Liebhabern steigenden Interesses. Lassen sie uns doch mit ihrem ruhigen Gang das unaufhaltsame Fortschreiten der Zeit so bedächtig und eindringlich fühlen; und selbst das rascheste Schwingen einer Unruh erscheint noch als vom Menschen wahrnehmbare Größe.

Die Autoren des Buches „Mechanische Uhren“ behandeln die Grundbauelemente und -baugruppen; sie vergleichen die Funktionsweisen, werten und weisen auf Besonderheiten hin. Zusatzbaugruppen, wie Weck-, Schlag- und Kalenderwerk, stellen sie als Zusätze zum Eigentlichen, dem Uhrwerk, vor. Tafeln am Ende einiger Abschnitte nennen Fehler, deren Ursachen und Maßnahmen zur Fehlerkorrektur.

Wer sich in die Anfangsgründe der Uhrmacherei einarbeiten will, findet in dem Buch einen freundlichen Gehilfen, aber auch Fachleuten wird es in seiner übersichtlichen und gut gegliederten Art einen interessanten Überblick bieten.

Autoren, Bearbeiter und Verlag wünschen dem Leser eine angenehme Zeit kurzweiligen und genauen Lesens.

Inhaltsverzeichnis

Einleitung

Die Uhrmacherei ist der älteste Zweig der Feinmechanik. Sie befaßt sich mit Theorie, Konstruktion, Herstellung und Instandhaltung von Zeitmeßgeräten und deren Teilen. Die eigentliche Feinmechanik beschäftigt sich nur mit mechanisch angetriebenen Uhren, die in diesem Buch allgemein vorgestellt werden, während die Uhren mit anderen Antriebsprinzipien kaum Gegenstand der Feinmechanik sind. So beschäftigt sich mit den elektrischen Uhren beispielsweise auch die Informationselektrotechnik, mit den Quarzuhren die Elektronik, und die Turmuhren sind teilweise Gegenstand des Maschinenbaus.

Das Uhrmacherhandwerk hat in der ČSSR Tradition. Denken wir an Meister *Hanuš* aus Hradec Králové, der im Jahre 1480 die Turmuhr des Altstädter Rathauses in Prag konstruiert haben soll, an den Prager Meister *Jakub Zech*, der schon im Jahre 1525 eine Taschenuhr hergestellt hat, an den Uhrmacher und Erfinder *Josef Božek*, an den Uhrmachermeister *Kosek* u. a. Die handwerklich hergestellten Uhren waren jedoch sehr teuer, so daß in früheren Zeiten für die breiten Schichten der Bevölkerung zum Beispiel eine Taschenuhr unbezahlbar war.

Als Entstehungsjahr der Uhrenindustrie kann man in unseren Ländern das Jahr 1845 bezeichnen, als der Prager Uhrmacher *Hainz* mit der industriemäßigen Uhrenproduktion begann. Nach dem Jahre 1918 existierten bereits mehrere kleine und mittelgroße Uhrenfabriken, deren gesamte Produktion allerdings nur den Bedarf des eigenen Landes an einigen Arten von Großuhren befriedigen half.

Zu einem echten Aufschwung der Uhrenindustrie kam es erst nach ihrer Verstaatlichung in den Jahren 1945 und 1948. Kleine unrentable Fabriken wurden teilweise aufgelöst, und die gesamte Uhrenproduktion der ČSSR wurde in drei großen Betrieben konzentriert — in Šternberk, Nové Město nad Metuji und in Prag.

Der Betrieb Chronotechna in Šternberk führte eine Großserienproduktion von Weckern und später von allen geläufigen Uhrentypen ein. Er deckt damit nicht nur den Bedarf des eigenen Landes, sondern exportiert auch in viele Länder der Welt.

Der Betrieb Chronotechna in Nové Město nad Metuji beherrschte nach der kurzen Zeit von fünf Jahren die Herstellung von Armbanduhren — ein Gebiet, das wegen seiner außerordentlichen Feinheit und wegen des technologischen Anspruchs als Reifemaßstab eines Landes in der mechanischen Fertigung betrachtet wurde[1]).

Der Betrieb Elektročas in Prag, der Nachfolger unserer ältesten Uhrenfabrik, stellt elektrische Uhren und Registriergeräte her.

Die Instandhaltung von Uhren wird jetzt durch ein breites Netz von Reparaturwerkstätten des staatlichen Handels und durch Bezirks-Uhrmacher-Produktionsgenossenschaften besorgt, von denen sich einige auch mit der Herstellung von Ersatzteilen und verschiedenen Uhrentypen beschäftigen.

Durch die industrielle Entwicklung der Produktion kam es zu einer wesentlichen Preissenkung der Uhren. Die meisten Uhrenarten sind zum Bestandteil des breiten Bevölkerungsbedarfs und zu einem unentbehrlichen Hilfsmittel unseres täglichen Lebens geworden.

[1]) Mechanische Armbanduhren wurden bis 1968 nur in zehn Ländern der Welt hergestellt. Die ČSSR ist der Reihe nach der achte Staat, dem es gelungen war, diese komplizierte Produktion aufzunehmen.

1. Allgemeiner Aufbau

Im Unterschied zu anderen Uhrenarten, elektrischen und elektronischen Uhren oder historischen Sonnenuhren, Wasseruhren usw., setzen sich mechanische Uhren insgesamt aus mechanischen Konstruktionselementen zusammen.

Ein mechanisches Uhrwerk gliedert man allgemein in sieben *Hauptmechanismen* (Baugruppen), Bilder 1, 2 und 3.

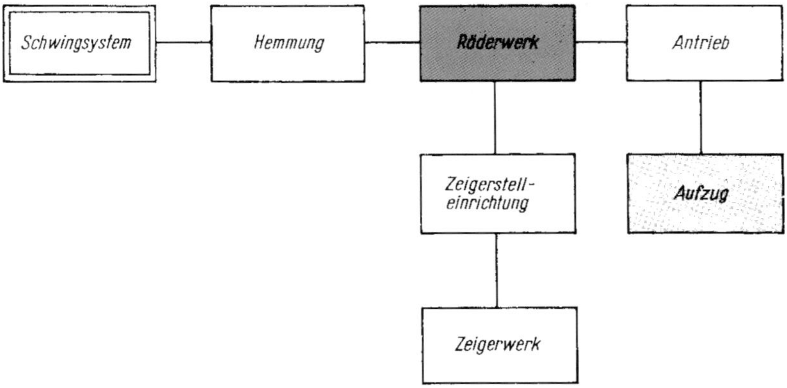

Bild 1. Schema der Baugruppen mechanischer Uhren

Die Grundlage der Zeitmessung bildet bei mechanischen Uhren das regelmäßige Schwingen eines *Schwingsystems*, des Pendels oder der Unruh. Das Schwingsystem ist deshalb die wichtigste Baugruppe.

Infolge der Reibung, die jede Bewegung begleitet, würde sich die Amplitude der Schwingungen ständig verkleinern, bis der Schwinger stehen bliebe. Damit er amplitudenbeständig schwingen kann, muß ihm ständig neue Energie zugeführt werden.

Die Hemmung ist ein zwischen dem Schwingsystem und dem Räderwerk angeordneter Mechanismus. Sie hat zwei Aufgaben:

- erstens führt sie dem Schwinger Energie in Form kleiner Impulse zu
- zweitens zählt sie die Schwingungen des Schwingsystems dadurch, daß der Anker die Zähne des Ankerrades schwingungsabhängig freigibt.

Das Räderwerk ist eine Anordnung ineinandergreifender Zahnräder. Es erfüllt ebenfalls zwei Aufgaben:

- Es dient zur Übertragung der Energie vom Antrieb auf die Hemmung und dadurch auch auf das Schwingsystem
- gleichzeitig addiert es die Schwingungen des Schwingers, die dann vom Zeigerwerk angezeigt werden.

Das Räderwerk dreht sich nicht kontinuierlich, sondern unterbrochen, weil es ständig durch die Hemmung angehalten und wieder freigegeben wird.

Der Antrieb (Feder- oder Gewichtsantrieb) ist ein Energiespeicher für den Betrieb des Uhrwerks.

Das Zeigerwerk dient als Übersetzung zwischen dem Minuten- und dem Stundenzeiger. Es ermöglicht die Zeitanzeige.

Der Aufzug ist eine Hilfseinrichtung, über die dem Antriebsmechanismus die zu speichernde Energie zugeführt wird.

Die Zeigerstelleinrichtung ist ebenfalls eine Hilfseinrichtung, die zum evtl. erforderlichen Einstellen der Zeitanzeige dient.

Die Lage der genannten sieben Hauptmechanismen zueinander wird durch das *Gestell des Uhrwerks* gesichert, das aus Werkplatten, Brücken, Kloben usw. besteht.

Das Uhrwerk wird manchmal durch ein Zusatzwerk, z. B. ein Weckwerk oder ein Schlagwerk, oder durch einen Zusatzmechanismus, z. B. das Datumswerk, ergänzt.

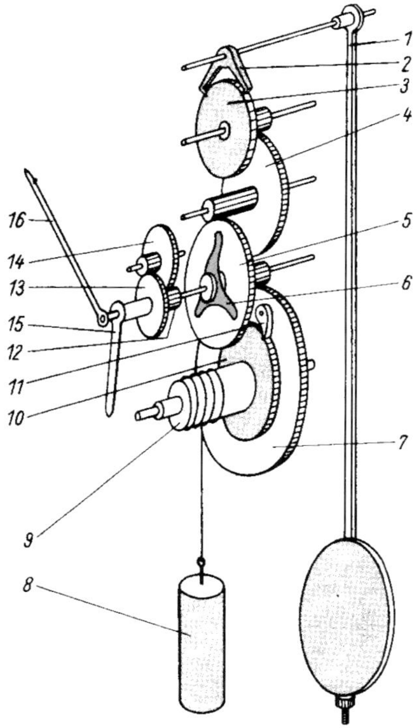

Bild 2. Schema einer Großuhr mit Gewichtsantrieb und Pendelschwinger

Schwingsystem:	*1* Pendel
Hemmung:	*2* Anker; *3* Ankerrad
Räderwerk:	*4* Zwischenrad mit Trieb; *5* Minutenrad mit Trieb und Zeigerwelle; *6* Federscheibe mit Zeigerreibung
Antrieb:	*7* Antriebsrad mit Welle; *8* Gewichtsstück an der Saite
Aufzug:	*9* Trommel zum Aufwinden der Saite; *10* Sperrad; *11* Sperrklinke
Zeigerwerk:	*12* Minutenrohr (Zeigerwellentrieb); *13* Stundenrad; *14* Wechselrad mit Trieb
Anzeige:	*15* Stundenzeiger; *16* Minutenzeiger

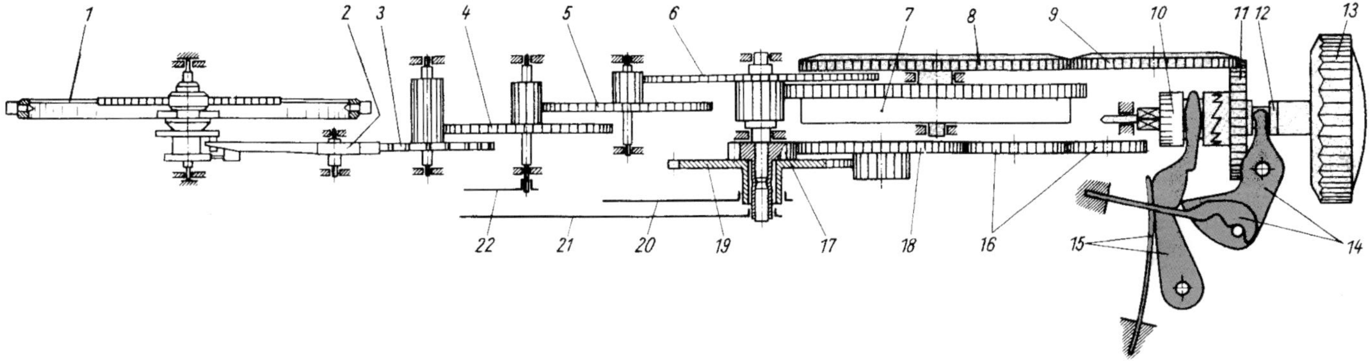

Bild 3. Schema einer Kleinuhr mit Federantrieb und Unruhschwinger

Schwingsystem:	*1* Unruh mit Spirale
Hemmung:	*2* Anker; *3* Ankerrad mit Trieb
Räderwerk:	*4* Sekundenrad mit Trieb; *5* Kleinbodenrad mit Trieb; *6* Minutenrad mit Trieb
Antrieb:	*7* Federhaus mit Federwelle und Zugfeder
Aufzug und Zeigerstell-einrichtung:	*8* Sperrad; *9* Kronrad; *10* Kupplungstrieb; *11* Kupplungsrad; *12* Aufzugwelle; *13* Krone; *14* Winkelhebel mit Winkelhebelfeder; *15* Kupplungshebel mit Kupplungshebelfeder; *16* Zeigerstellrad
Zeigerwerk:	*17* Minutenrohr; *18* Wechselrad mit Trieb; *19* Stundenrad
Anzeige:	*20* Stundenzeiger; *21* Minutenzeiger; *22* Sekundenzeiger

2. Schwingsysteme

Das Schwingsystem[1]) mißt durch seine Schwingungen die Zeit. Die Regelmäßigkeit und Genauigkeit seiner Schwingungen ist entscheidend für die Genauigkeit der Zeitmessung. Es ist deshalb der wichtigste Mechanismus der Uhr. Die übrigen Mechanismen des Uhrwerks (Hemmung, Räderwerk usw.) haben nur Hilfscharakter und dienen dazu, das Schwingsystem in ständiger Bewegung zu halten, seine Schwingungen zu addieren und die gemessene Zeit anzuzeigen.

Prinzip des Schwingsystems

Für mechanische Uhren verwendet man ausschließlich mechanische Schwinger.

Ein *mechanischer Schwinger* ist ein Körper, auf den eine Kraft, die sog. Reversierkraft[2]), wirkt, die die Masse des Schwingers ständig in ihre Mittellage, die sog. *mittlere Stellung* oder *Nullstellung*, zurückbringt.

Der Ausschlag des Schwingers aus der Mittellage bis zum Umkehrpunkt, d. h. in die Grenzstellung, heißt Schwingungsweite oder *Amplitude*, z. B. der Winkel α auf den Bildern 4, 5 und 6. Die Kraft, die den Schwinger in die Mittellage zurückzieht, wächst,

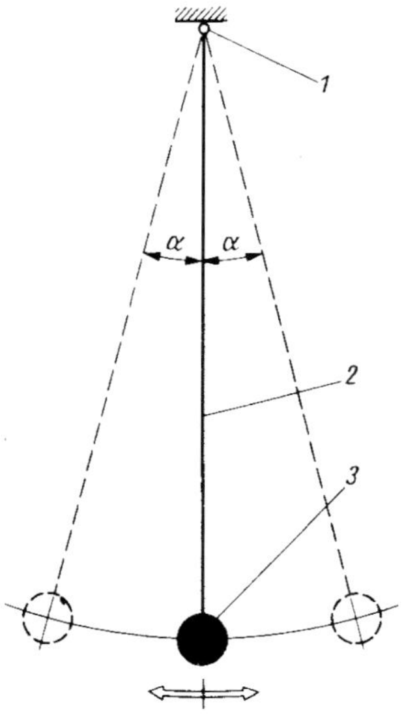

Bild 4. Schema eines Pendels

1 Pendelaufhängung; *2* Pendelstange; *3* Pendelkörper (Linse, Scheibe oder Zylinder)

[1]) Schwingsystem oder Schwinger (Oszillator) ist in allgemeiner Auffassung eine Einrichtung, die mechanische oder elektrische Schwingungen ausübt.

[2]) Genauer gesagt: Gegenmoment.

wenn sich der Ausschlag vergrößert. Am größten ist sie in den Grenzstellungen, während sie in der Mittelstellung gleich Null ist.

Wächst das Gegenmoment proportional mit dem wachsenden Ausschlag aus der mittleren Stellung, dann vermindert sich proportional die Geschwindigkeit der Bewegung des Schwingers, die in der Grenzstellung gleich Null ist, während sie in der Mittellage den höchsten Wert erreicht. Infolgedessen erfolgen Schwingungen von einer großen Amplitude und auch Schwingungen von einer kleinen Amplitude — innerhalb bestimmter Grenzen — in der gleichen Zeit. Damit erreicht man theoretisch den *Isochronismus der Schwingungen*.

Schwingsystemarten

Die bei mechanischen Uhren angewendeten Schwingsysteme sind:
das Pendel, die Unruh mit Spirale und das Drehpendel (Torsionspendel).

Das Pendel (Bild 4) kann nur in senkrechter Lage schwingen. Es ist oberhalb seines Schwerpunktes aufgehängt, und seine Masse ist überwiegend in der Linse konzentriert. Das Gegenmoment wird durch die Schwerkraft der Erde hervorgerufen.

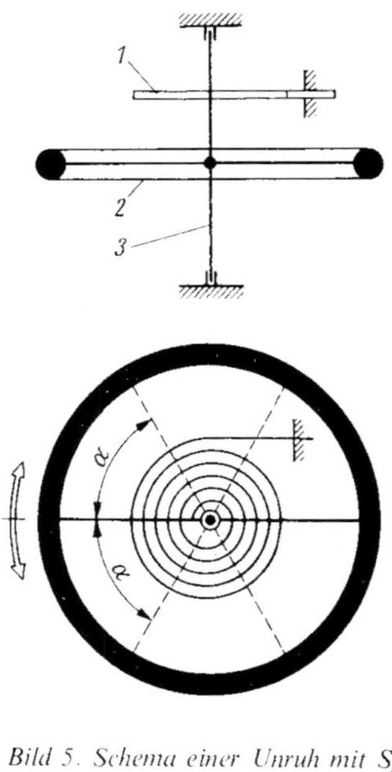

Bild 5. Schema einer Unruh mit Spirale
1 Spirale; *2* Unruhring; *3* Unruhwelle

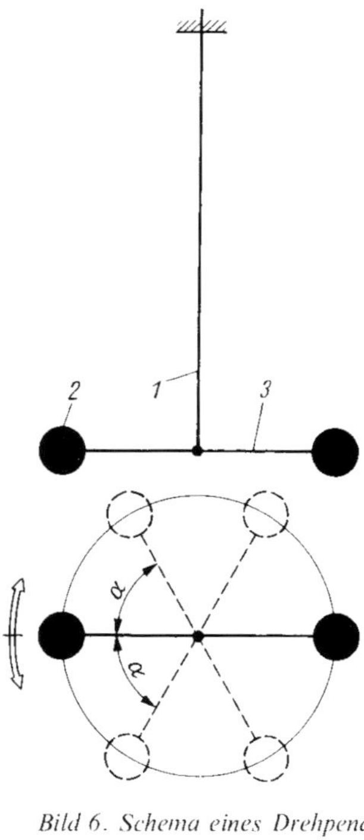

Bild 6. Schema eines Drehpendels
1 Drehpendelfeder; *2* Drehpendelkörper; *3* Verbindungsstück

Die Unruh (Bild 5) kann in jeder beliebigen Lage schwingen. Der entscheidende Teil ihrer Masse ist im Unruhring konzentriert. Das Gegenmoment übt die Spirale durch ihre Federkraft aus. Wenn eine Unruh genau ausgewuchtet ist, liegt der Schwerpunkt genau in der Achse, und die Schwerkraft der Erde kann ihre Schwingungen nicht beeinflussen.

Das Drehpendel (Bild 6) schwingt nur in einer horizontalen Lage. Der entscheidende Teil seiner Masse ist gewöhnlich in zwei oder vier Körpern (durch Verbindungsstücke vereinigt) konzentriert, die gegeneinander ausgewuchtet sind. Die Drehpendelfeder, die abwechselnd nach rechts und nach links verdreht wird, übt durch ihre Federkraft das Gegenmoment aus. In der Regelmäßigkeit der Schwingungen kann sich das Drehpendel weder mit dem Pendel noch mit der Unruh messen. Wegen der langen Zeitdauer der Schwingungen verwendet man es z. B. in Jahresuhren (Gangdauer 400 d; sie haben allerdings eine größere Gangunsicherheit). Mit dem Drehpendel werden wir uns nicht ausführlicher befassen.

2.1. Pendelschwinger

Das Pendel ist der genaueste Schwinger, der bei mechanischen Uhren verwendet wird. Eine Grundbedingung für seine Anwendung besteht darin, daß die Uhr feststeht, weil ein Pendel gegen Erschütterungen und gegen nicht genaue Einhaltung der vertikalen Lage des Uhrwerks empfindlich ist.

Ein Pendel besteht aus einem Pendelkörper, einer Stange und einer Aufhängung (Bild 4). Der Pendelaufhängung droht bei jedem unsachgemäßen Platzwechsel der Uhr eine Beschädigung.

Die Pendelkörper haben verschiedene Formen. Sie dürfen beim Schwingen in der Luft nur geringen Widerstand finden. Bei genauen Uhren verwendet man oft die Form einer Linse oder die eines zylindrischen Körpers.

Eine Stange aus Metall hat runden oder viereckigen, eine Stange aus Holz Linsen- oder Viereckquerschnitt. Am unteren Ende der Stange befindet sich die Pendelmutter, mit deren Hilfe man die Lage des Pendelkörpers ändern, die Schwingungszeit beeinflussen und dadurch das Zeitmeßergebnis regulieren kann. Bei den genauen Uhren führen wir feine Nachregulierungen mit kleinen Gewichten aus, die die Form von winzig kleinen Blechstücken haben und die wir auf eine Tellerscheibe etwa in der Hälfte der Pendelstangenlänge auflegen (Bild 8).

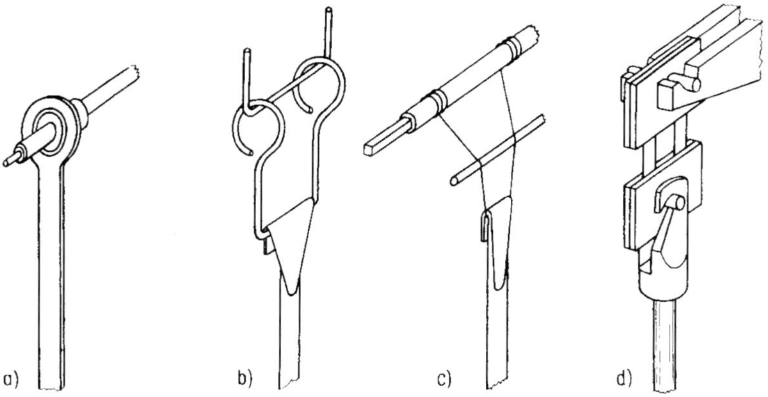

Bild 7. Pendelaufhängungsarten

a) Zapfenlagerung; b) Drahtösenaufhängung; c) Seidenfadenaufhängung; d) Pendelfederaufhängung mit zwei Federlamellen

Die Aufhängung des Pendels ist ein wichtiges Element, das den genauen Gang der Uhren bestimmt. Ausführungen, wie sie die Bilder 7a, b, c zeigen, sind nur bei einfachen Uhren mit leichtem Pendel und großer Amplitude vorhanden, während die meisten guten Pendeluhren eine Pendelfederaufhängung mit einfacher oder besser mit doppelter Federlamelle (Bild 7d) haben. Die Federdicke beträgt 0,05 bis 0,1 mm, bei Turmuhren auch mehr.

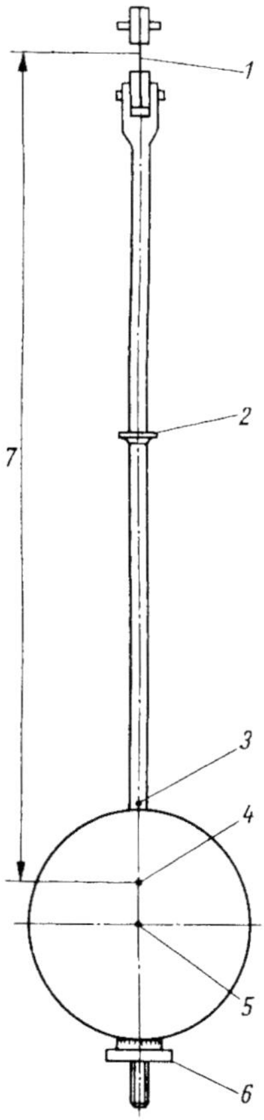

Bild 8. Physisches Pendel

1 Pendelfederaufhängung; *2* Tellerscheibe für Zulagegewichte; *3* Schwerpunkt (Massemittelpunkt) des Pendels; *4* Mitte zwischen dem Schwerpunkt des Pendels und dem der Linse (Schwingungsmittelpunkt); *5* Schwerpunkt des Pendelkörpers (Linse); *6* Pendelmutter; *7* reduzierte Pendellänge (*l*)

2.1.1. Schwingungsdauer des Pendels

Die Schwingungsdauer des Pendels[1]) errechnet man aus folgender Gleichung:

$$T = 2\pi \sqrt{\frac{l}{g}} \qquad (1)$$

T Zeitdauer einer Schwingung
l reduzierte Länge des Pendels
g Fallbeschleunigung.

[1]) In der Uhrmacherei rechnet man im Unterschied zur Physik mit einer Periode, in der das Pendel den Weg von einem Umkehrpunkt zum anderen und wieder zurück in die Ausgangsstellung zurücklegt.

Beispiel

Gegeben: Zeitdauer der Pendelschwingungen $T = 2$ s
Fallbeschleunigung $g = 981{,}27$ cm/s²
Gesucht: reduzierte Länge des Sekundenpendels

Lösung: $T = 2\pi \sqrt{\frac{l}{g}}$

$$l = \frac{T^2 \cdot g}{(2\pi)^2} = \frac{4\,s^2 \cdot 981{,}27\,cm/s^2}{4 \cdot 3{,}1416 \cdot 3{,}1416} = \underline{\underline{99{,}423\,cm}}$$

Ergebnis: Die reduzierte Länge des Sekundenpendels auf unseren mittleren Breitengraden beträgt 994,23 mm.

Die *reduzierte Länge* des physischen Pendels ist die Länge eines mathematischen Pendels gleicher Schwingungsdauer (Bild 8). Sie beginnt an einem gedachten Punkt (Schwingungsmittelpunkt), der zwischen dem Schwerpunkt der Linse und dem Schwerpunkt des Pendels liegt, und endet am Drehpunkt.

Der Drehpunkt des Pendels hat eine genau bestimmte Lage, z. B. in der Zapfenachse der Zapfenaufhängung (Bild 7a). Bei der Pendelfederaufhängung (Bild 7d) befindet sich der Drehpunkt im oberen Teil der Aufhängefeder. Die Fallbeschleunigung ist eine von der geographischen Breite und der Seehöhe abhängige Größe. In Berlin beträgt sie 981,273 cm/s^2, auf dem Äquator 978,052 cm/s^2 und an den Polen 983,221 cm/s^2.

Wenn wir die Fallbeschleunigung von 981 cm/s^2 in unseren Bedingungen als einen konstanten Wert betrachten und ihn in Gl. (1) einsetzen, erhalten wir eine vereinfachte Gleichung

$$T = 0{,}1003 \sqrt{l} \qquad (2)$$

Aus Gl. (2) sehen wir, daß die Zeitdauer einer Schwingung des Pendels nicht von seinem Gewicht, sondern von seiner reduzierten Länge abhängt. Pendel von gleicher Länge aus verschieden schweren Werkstoffen werden gleich schnell schwingen. Aus der Gleichung können wir errechnen, daß die reduzierte Länge eines Sekundenpendels etwa 994 mm und die eines Halbsekundenpendels etwa 249 mm beträgt, usw.

2.1.2. Ursachen des Abweichens vom Isochronismus der Pendelschwingungen

Der Isochronismus der Schwingungen des in die Uhr montierten Pendels wird durch verschiedene Einflüsse gestört, die einmal eine *ständige* (unveränderliche) *Wirkung* (sie können z. B. durch Veränderung der Pendellänge beseitigt werden) und zum anderen eine *veränderliche Wirkung* haben, bei der die Beseitigung schwieriger ist. Sie müssen kompensiert werden, d. h., die Wirkung der Einflüsse wird so berücksichtigt, daß sie einander entgegengesetzt wirken und sich dadurch aufheben.

Störungen werden insbesondere hervorgerufen durch:

- Temperatureinflüsse
- Luftdruckeinflüsse
- Amplitudenunbeständigkeit.

2.1.2.1. Temperatureinflüsse

Beim Pendel treten durch Temperatureinflüsse folgende Wirkungen auf:

- Änderungen der Länge der Pendelstange und der -aufhängung durch Werkstoffausdehnung beim Erwärmen
- Erschlaffen der Federkraft der Pendelfeder beim Erwärmen.

> Durch die gemeinsame Wirkung beider Einflüsse entstehen Gangunsicherheiten (Gangabweichungen) als Temperaturfehler.

Einfache Uhren haben eine Pendelstange aus Messing (oder aus Stahldraht); der Fehler infolge von Temperatureinflüssen beträgt nicht ganz 1 s/d bei einer Temperaturänderung von 1 K. Für Pendeluhren der mittleren Qualität werden die Pendelstangen aus trockenem und imprägniertem Fichtenholz hergestellt; ihr Fehler infolge von Temperatureinflüssen beträgt etwa 0,2 s/d · K. Derartige Fehler sind für Uhren von einfacher und mittlerer Qualität zulässig, und darum können diese Störeinflüsse gewöhnlich vernachlässigt werden.

Bei genau und bei sehr genau arbeitenden Pendeluhren beseitigen wir sie mit Hilfe der *Temperaturkompensation*. Es gibt einige Arten, alle jedoch beruhen auf folgendem Prinzip: die Pendelteile werden aus Werkstoffen verschiedener Wärmeausdehnungskoeffizienten so hergestellt, daß sich bei Temperaturänderung ihre Längenänderung gegenseitig aufhebt, die reduzierte Länge des Pendels sich also nicht ändert.

Eine günstige Ausführung der Temperaturkompensation wird in Bild 9 dargestellt. Auf eine Invarstange wird ein Hohlzylinder aus beliebigem, jedoch schwerem Werkstoff aufgezogen, der sich im Schwerpunkt auf Ausgleichrohre stützt, und zwar auf ein Nickel-Stahl- und auf ein Messingrohr. Bei Temperaturanstieg verlängert sich die Invarstange (im Bild nach unten), und die Ausgleichrohre verlängern sich entgegengesetzt (im Bild nach oben). Die Wirkungsweise der Ausgleichrohre regulieren wir, indem wir das gegenseitige Längenverhältnis des Stahl- und des Messingstücks ändern.

Genaueste Pendeluhren (z. B. frühere astronomische Uhren) haben Kompensationspendel und sind in ein Gehäuse eingebaut, in dem durch einen Thermostat eine beständige Temperatur gehalten wird, weil auch die beste Kompensationseinrichtung bei größeren Temperaturschwankungen nicht einwandfrei arbeitet.

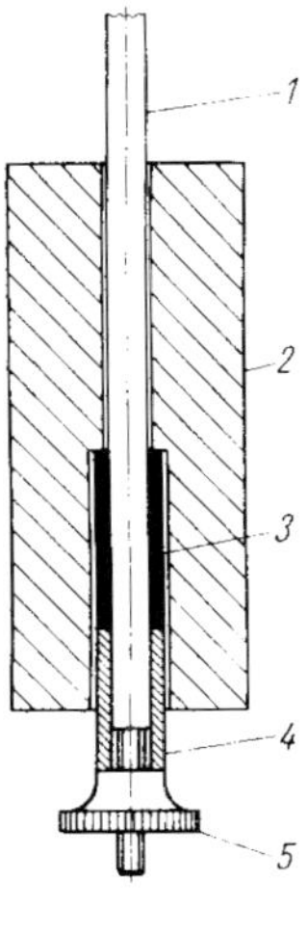

Bild 9. Invarkompensationspendel (Rieflerpendel)

1 Pendelstange aus Nickelstahl (Invar); *2* Hohlzylinder aus Rotguß; *3* Nickelstahlrohre; *4* Messingrohr (Kompensationsstück); *5* Pendelmutter

2.1.2.2. Luftdruckeinflüsse

In der Atmosphäre wird das Pendel einerseits durch den *Luftauftrieb* angehoben, als schwimme es in einer Flüssigkeit, und zum anderen wird es durch den *Luftwiderstand* gebremst.

> Die gemeinsame Auswirkung des Luftauftriebs und des Luftwiderstandes verursacht eine Beschleunigung von etwa 0,1 s/d bei einer Luftdrucksenkung um 1,33 kPa.

Dieser sog. *barometrische Fehler* wird bei gewöhnlichen Pendeluhren vernachlässigt, bei sehr genauen kompensieren wir ihn durch eine Aneroiddosenanordnung (Bild 10), die auf den oberen Teil der Pendelstange montiert wird. Luftdruckeinflüsse können durch luftdichte Uhrengehäuse völlig ausgeschlossen werden.

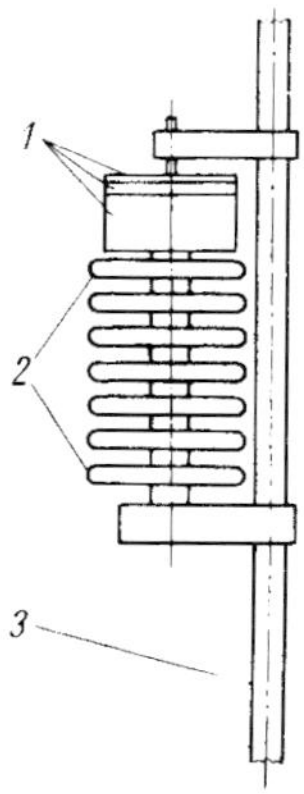

Bild 10. Aneroiddosenkompensation

1 Gewichtsstück; *2* Aneroiddosen; *3* Pendelstange

2.1.2.3. Amplitudenunbeständigkeit

Während Temperatur- und Luftdruckeinflüsse durch klimatische Verhältnisse verursacht werden, wird die Amplitudenunbeständigkeit, die unangenehmste Störung, durch mehrere, hauptsächlich aber durch zwei Faktoren verursacht:

- durch Veränderung der Antriebskraft und
- durch Veränderung der Schmiereigenschaften des Öls.

Das Ergebnis ist eine Beeinträchtigung des Schwingungsisochronismus. Die Auswirkungen wissen wir leider nicht zu beseitigen, darum sind wir gezwungen, sie gegenseitig zu kompensieren. Alle Störungen wirken gemeinsam, der Anschaulichkeit wegen wird jede Störung gesondert behandelt.

Unbeständigkeit infolge Änderung der Antriebskraft

Die Veränderung der auf das Pendel übertragenen Antriebskraft wird durch das Antriebselement hervorgerufen. Sie kann bei einem Gewichtantrieb praktisch vernachlässigt werden. Sehr fühlbar zeigt sie sich jedoch beim Federantrieb, weil die Antriebskraft mit dem Ablaufen der Feder sinkt (s. Abschn. 5.2.). Die Auswirkung dieses Störfaktors senken wir durch das regelmäßige Aufziehen der Uhr.

Ein Einfluß auf die Antriebskraft wird auch durch das Räderwerk hervorgerufen, besonders durch die Form der ineinandergreifenden Zähne und auch durch Herstellungsungenauigkeiten. Die Auswirkung dieses Störfaktors senken wir durch eine besondere Zahnform (s. Abschn. 4.3.) und durch den Einsatz genau hergestellter Zahnräder.

Unbeständigkeit infolge Änderung der Schmiereigenschaften des Öls

Die Veränderung der Schmiereigenschaften des Öls durch Eindicken bei Temperatursenkung oder durch Verschmutzen des Werks sowie durch Alterung im Verlauf längerer Zeit verringert beim Pendel die Amplitude. Den Einfluß dieses Störfaktors vermindern wir durch einwandfreie Sauberkeit der Einzelteile, durch Einsatz hochwertiger Schmieröle und gut abgedichteter Uhrgehäuse.

Unbeständigkeit infolge Änderung der Größe des Gegenmoments

Sie entsteht dadurch, daß das Pendel gezwungen ist, auf einer Kreisbahn zu schwingen, während die Gravitation ständig in vertikaler Richtung wirkt. Infolgedessen wächst das Gegenmoment nicht proportional mit dem Pendelausschlag, wie es die Gln. (1) und (2) voraussetzen. Beide Gleichungen gelten darum nur annähernd. In der Tat verlängert sich die Schwingungsdauer, die Uhr geht nach, und das um so mehr, je mehr sich die Amplitude vergrößert. Diesen Fehler (Bild 11) können wir für eine bestimmte Grund-

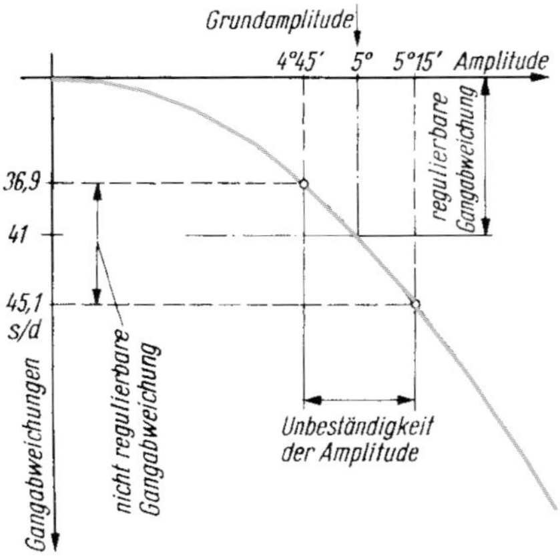

Bild 11. Beispiel des Fehlers, der durch das Gegenmoment entsteht
(schematische Darstellung)

Tafel 1 Durch die veränderlichen Größen des Gegenmoments verursachte Gangabweichungen (Gangunsicherheit)

Grundamplitude des Pendels in Winkelgraden	Durch Unbeständigkeit der Amplitude verursachte Gangabweichungen in s/d in den Bereichen		
	±1 %	±2 %	±5 %
0.5°	0,01	0,02	0,04
1°	0,03	0,07	0,16
2°	0,13	0,26	0,66
5°	0,82	1,6	4,1
10°	3,3	6,6	16,5
20°	13,2	26,4	66,0

amplitude des Pendels beseitigen, und zwar, indem wir mit Hilfe der Pendelmutter die Lage der Linse verändern. Durch die Unbeständigkeit der Grundamplitude kommt es zu Schwankungen des Uhrenganges (Tafel 1), die um so größer werden, je größer die Grundamplitude des Pendels ist.

Aus diesen Gründen haben genau arbeitende Pendeluhren eine ganz kleine Grundamplitude (1° bis 1,5°), Zimmerwanduhren bis 7°.

Eine größere Amplitude hat den Vorteil, daß die Uhr gegenüber den Außeneinflüssen weniger empfindlich und so im Betrieb zuverlässiger ist, allerdings auf Kosten der Ganggenauigkeit. Die Grundamplitude beträgt bei Uhren mit kurzem Pendel bis 15°.

Unbeständigkeit infolge des Einflusses der Hemmung

Das Pendel muß über die Hemmung kleine Impulse erhalten, damit es die Widerstände der Reibung während des Schwingens und auch an der Hemmung überwinden kann. Den Einfluß der Hemmung auf die Schwingungsdauer begreift man aus folgenden drei Lehrsätzen:

- Wenn ein Impuls oder ein Widerstand genau in der mittleren Stellung auf das Pendel wirkt, verändert sich die Schwingungsdauer nicht.
- Vor der mittleren Stellung des Pendels verkürzt ein Impuls die Schwingungsdauer, und ein Widerstand verlängert sie.
- Hinter der mittleren Stellung verlängert ein Impuls die Schwingungsdauer, und ein Widerstand verkürzt sie.

Die Änderung der Schwingungsdauer ist um so größer, je weiter entfernt von der mittleren Stellung des Pendels ein Störeinfluß wirkt. Die größte Störwirkung zeigt sich an den Umkehrpunkten.

Eine anschauliche Erklärung des Störeinflusses der Hemmung zeigt Bild 30 am Beispiel einer Graham-Hemmung. Man sieht, daß der Impuls auf beiden Seiten der mittleren Stellung erteilt wird, allerdings unsymmetrisch — der größere Teil hinter der mittleren Lage. Das bewirkt (nach den o. g. Lehrsätzen) eine Verlängerung der Schwingungsdauer. Auch der Hemmungswiderstand wirkt unsymmetrisch — zum größeren Teil vor der mittleren Stellung — und verlängert gleichfalls die Schwingungsdauer. Beide Auswirkungen werden addiert und verursachen ein spürbares Nachgehen der Uhr.

Den Einfluß der Hemmung kann man mit der Pendelmutter nicht kompensieren, weil die Amplitude unbeständig ist und ihre Störung wächst, wenn die Amplitude kleiner wird. Der Einfluß kann bei richtig justierter Hemmung gemindert werden.

Unbeständigkeit infolge des Einflusses der Pendelfeder

Die Pendelfeder biegt sich bei den Pendelbewegungen und wirkt durch ihre Elastizität wie ein Zusatzgegenmoment, das bei größerem Ausschlag ebenfalls anwächst. Dieses Zusatzgegenmoment wird zum Hauptgegenmoment des Pendels, hervorgerufen durch Gravitation, hinzugerechnet. Beide Gegenmomente beeinflussen die Schwingungsdauer. Außerdem verkürzt sich das Pendel ein wenig durch das Durchbiegen der Pendelfeder. Ein Ergebnis der beiden Wirkungen ist die Beschleunigung des Uhrenganges, die nicht konstant ist, sondern sich bei wachsender Amplitude vergrößert und so Störungen des Isochronismus verursacht.

2.1.2.4. Gegenseitige Kompensation von Störeinflüssen

In den vorherigen Absätzen behandelten wir drei Ursachen von Störeinflüssen. Zwei von ihnen — Temperatur- und Luftdruckeinflüsse — wissen wir vollkommen auszuschließen oder wenigstens auf ein annehmbares Maß zu beschränken. Die Amplitudenunbeständigkeit wissen wir nicht auszuschließen; denn wir können den Einfluß der Hemmung, die Veränderlichkeit des Gegenmoments und den Einfluß der Pendelfeder nicht beseitigen.

Darum werden bei sehr genau arbeitenden Pendeluhren die erwähnten Einflüsse kompensiert. Wir gehen folgendermaßen vor: Bei sorgfältig eingestellten Uhren — besondere Aufmerksamkeit soll der Einstellung einer richtigen Hemmungstiefe gewidmet werden — ändern wir schrittweise die Größe der Antriebskraft und stellen so die Tagesabweichung des Ganges bei drei oder mehreren verschiedenen Amplituden fest. Die festgestellten Abweichungen tragen wir als Punkte in ein Diagramm nach Bild 12 ein,

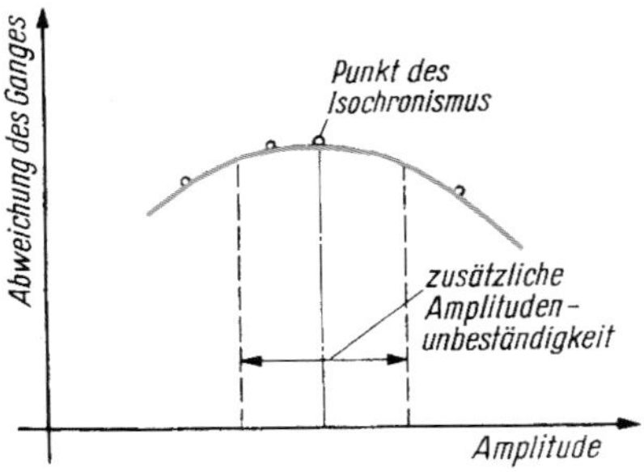

Bild 12
Resultierender Verlauf der Störeinflüsse

wonach wir dann eine Kurve zeichnen. Die Kurve stellt den resultierenden Verlauf aller durch die Amplitudenunbeständigkeit hervorgerufenen Störungen dar. So stellen wir die günstigste Pendelamplitude fest. Sie befindet sich in dem höchsten Punkt der Kurve, im sog. *Punkt des Isochronismus*. Um diesen Punkt soll sich die Amplitude unter normalen Betriebsbedingungen bewegen; denn ihre Änderungen in diesem Bereich haben nur eine geringe Störwirkung auf die Schwingungsdauer.

2.2. Unruhschwinger

Die Unruh mit Spirale ist ein ungenaueres Schwingsystem als das Pendel. Sie arbeitet jedoch in jeder beliebigen Lage der Uhr zuverlässig.

Wegen dieses Vorteils wendet man sie in allen tragbaren Uhren an, und man findet sie auch in vielen ortsfesten Uhren, z. B. in Tisch- oder Wanduhren. Gegenwärtig ist die Unruh mit Spirale das überwiegend angewandte Schwingsystem mechanischer Uhren.

Wie Bild 13 zeigt, besteht die Unruh aus einem Metallreifen, den man *Unruhring* nennt und der auf die Unruhwelle aufgezogen ist. An der gleichen Welle ist auf einem *Ansatz* eine feine *Spirale* befestigt, die mindestens zehn Windungen haben soll. Das äußere Spiralende geht mit kleinem Spiel durch die *Rückerstifte* und wird im *Spiralklötzchen* befestigt, das mit dem Unruhkloben verbunden ist. Die Länge der Spirale von der Spiralrolle bis zu den Rückerstiften nennt man die *aktive Spirallänge*; man kann sie durch Drehen des Rückers in einem kleinen Bereich verlängern (beim Vorgehen der Uhr) oder verkürzen (beim Nachgehen der Uhr).

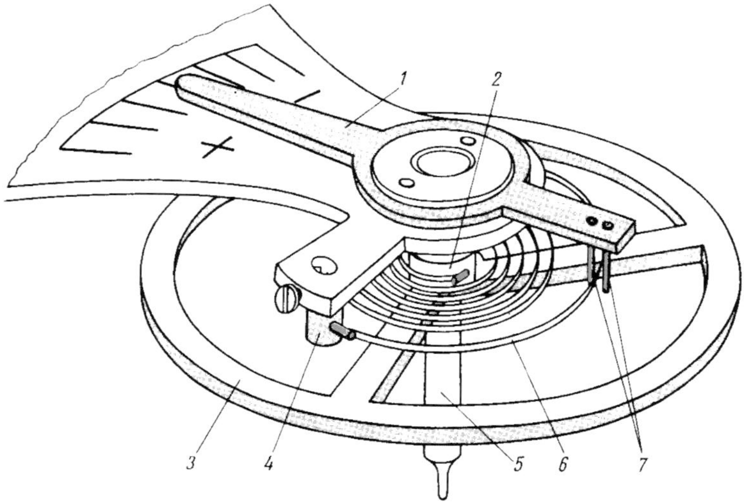

Bild 13. Unruh mit Spirale und Unruhkloben

1 Rücker; *2* Spiralrolle; *3* Unruhring; *4* Spiralklötzchen; *5* Unruhwelle mit unterem Zapfen; *6* Spirale; *7* Rückerstifte

2.2.1. Schwingungsdauer der Unruh

Die *Schwingungsdauer* der Unruh hängt vom Durchmesser und von der Masse des Werkstoffs des Unruhringes sowie von der Länge, Breite, Dicke und von der Art des Werkstoffs der Spirale ab.

Man kann die Schwingungsdauer errechnen, aber die Rechnung ist aufwendig und ihr Ergebnis nicht ganz genau. Wenn ein Uhrmacher eine unbekannte Spirale für ein gegebenes Uhrwerk festlegen soll, so geht er versuchsweise vor. Dazu muß er die Schwingungszahl der Unruh kennen, für die das Uhrwerk konstruiert ist. Bei den geläufigen Uhrentypen handelt es sich hier um im großen und ganzen feststehende Werte (Tafel 2).

Tafel 2. Anzahl der Schläge (Halbschwingungen) der Unruh-Schwingsysteme

Art des Uhrwerks	Anzahl der Schläge je			Frequenz
	h	min	s	Hz
Großwecker	12000	200	$3^1/_3$	1,66
Seechronometer, mittlere Wecker	14400	240	4	2
Taschenuhr – Typ „Roskopf"	17280	288	$4^4/_5$	2,4
Taschen-, Armband- und Stoppuhren sowie kleine Wecker	18000	300	5	2,5
Armbanduhren (Schnellschwinger)	19800	330	$5^1/_2$	2,75
Armbanduhren (Schnellschwinger)	21600	360	6	3
Armbanduhren (Schnellschwinger)	28800	420	8	4
Stoppuhren (Schnellschwinger)	36000	600	10	5
Spezialstoppuhren	360000	6000	100	50

2.2.2. Ursachen des Abweichens vom Isochronismus der Unruhschwingungen

Die Ursachen des Abweichens vom Isochronismus der Unruhschwingungen zeigen sich auf ähnliche Art wie beim Pendel (s. Abschn. 2.1.2.), jedoch wirken sie auf die Unruh viel deutlicher. Das wird dadurch verursacht, daß die Unruh im Vergleich mit dem Pendel ein leichter Schwinger ist, dessen Masse in geringer Entfernung vom Drehpunkt angeordnet und während der Bewegung leichter durch Störkräfte beeinflußbar ist. Auch Ursachen für Störungen gibt es bei der Unruh mehr als beim Pendel. Sie werden ebenfalls insbesondere hervorgerufen durch

- Temperatureinflüsse
- Amplitudenunbeständigkeit
- Luftdruckeinflüsse.

Letztere können bei allen Unruhuhrentypen vernachlässigt werden. Der barometrische Fehler beträgt 0,2 s/d bei Luftdruckänderung um 1,33 kPa.

Die größte Schwierigkeit bereitet wieder die Amplitudenunbeständigkeit, die bei den Unruhuhren hauptsächlich durch drei Faktoren verursacht wird:

Änderung der Antriebskraft

Die Ungleichmäßigkeit der auf den Schwinger übertragenen Antriebskraft, die durch die Zugfeder und das Räderwerk hervorgerufen wird, ist von der gleichen Art wie beim Pendel, und ihre Wirkung vermindern wir auf ähnliche Weise (s. Abschn. 2.1.2.3.).

Änderung der Reibung des Unruhzapfens

Sie entsteht beim Übergang der Uhr von der waagerechten in die senkrechte Lage und wird durch die Form der Unruhzapfen verursacht. Zum Beispiel ruht die Stirnseite des Zapfens in waagerechter Lage der Uhr auf dem Deckstein (Bild 80a), während sich beide Unruhzapfen in senkrechter Lage der Uhr mit der Fläche des zylindrischen Teils auf den Steinbohrungen stützen. Im zweiten Fall sind die Reibungsverluste größer, weil die Reibkraft über einen größeren Halbmesser — den des Unruhzapfens — wirkt. Darum ist in den senkrechten Lagen der Uhr die Amplitude kleiner als in den waagerechten. Der Unterschied beträgt bis zu 50°.

Diesen Störfaktor beschränkt man durch harte und einwandfrei polierte Lagerflächen der Unruh, durch Verkleinerung des Zapfendurchmessers, durch arrondierte (leicht gerundete) Zapfenstirnseiten (zum Ausgleich der verschiedenen Reibungsgrößen in den Lagen) und durch Anwendung von Lochsteinen mit olivierten Bohrungen und abgerundeten Öffnungen (s. Abschn. 8.2.).

Änderung der Schmiereigenschaften des Öls

Die Änderung der Schmiereigenschaften des Öls hat die gleiche Auswirkung wie beim Pendel; sie wird auch auf die gleiche Art vermindert (s. Abschn. 2.1.2.3.).

2.2.2.1. Temperatureinflüsse

Beim Unruhschwinger verursachen Temperatureinflüsse

- Änderungen der Unruh- und Spiralmaße (sie entstehen durch Dehnung der Werkstoffe)
- Änderungen des Elastizitätsmoduls der Spirale.

Bei einfachen Uhren, z. B. Weckern, mit einem Unruhring aus Messing und einer Spirale aus Bronze macht der Temperaturfehler etwa 10 s/d bei Temperaturänderung um 1 K aus. Diese Gangabweichung wird praktisch nur durch den sich ändernden Elastizitätsmodul der Spirale hervorgerufen, weil die Veränderung der Maße des Unruhringes und der Spirale sich gegenseitig etwa aufheben.

Man sieht, daß der Temperaturfehler der Unruhuhren wesentlich größer ist als der der Pendeluhren. Darum muß er bei Unruhuhren mittlerer und besserer Qualität kompensiert werden.

Kompensationsunruhring

Er besteht aus *Bimetall*, d. h. aus zwei zusammengeschweißten Metallen (innen Stahl, außen Messing), und ist an zwei einander gegenüberliegenden Stellen durchschnitten (Bild 14). Die Spirale hat bei diesen Konstruktionen keine Kompensationseigenschaften. Sie besteht entweder aus Stahl oder aus einer speziellen unmagnetischen Legierung.

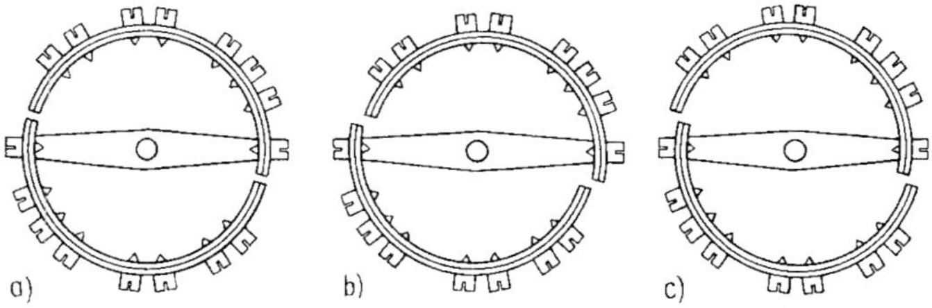

Bild 14. Bimetallische Kompensationsunruh

a) Reifenform bei normaler Temperatur; b) Reifenform durch erhöhte Temperatur nach innen gekrümmt; c) Reifenform durch niedrige Temperatur nach außen gebogen

Die Kompensation hat folgenden Verlauf: Eine Temperaturerhöhung würde infolge des Erschlaffens der Spannkraft der Spiralfeder ein Nachgehen der Uhr verursachen. Der Bimetallring biegt sich jedoch infolge ungleicher Ausdehnung der Metalle mit seinen freien Enden nach innen (Bild 14b). Dadurch verkleinert sich der Durchmesser des Unruhringes, es beschleunigt sich der Gang, und der Temperaturfehler wird kompensiert. Bei einer Temperatursenkung vollzieht sich der umgekehrte Vorgang (Bild 14c).

Die Kompensationswirkung des Unruhringes kann nach Bedarf durch Versetzen von Schrauben (immer von zwei einander gegenüberliegenden) in Richtung Schnittstelle des Unruhringes verstärkt oder durch Versetzen der Schrauben in Richtung Bügel geschwächt werden.

Wenn man durch Versetzen der Schrauben die Kompensationswirkung so einstellt, daß bei den beiden Grenztemperaturen, d. h. 5 °C und 35 °C, die Gangabweichung gleich groß ist, so stellt man fest, daß es bei der mittleren Temperatur von 20 °C zu einem Vorgehen um 2 bis 5 s/d kommt. Es handelt sich hier um einen *Sekundärfehler*, der dadurch verursacht wird, daß sich der Elastizitätsmodul der Spirale nicht proportional der Temperatur ändert. Dieser Fehler wird nur bei den Präzisionswerken kompensiert, z. B. bei Seechronometern, und zwar durch Anwenden des teuren *Guillaume-Unruhringes* (Bild 15). Er hat gleichfalls einen Bimetallring, innen aus Messing, außen aus einer speziellen Legierung von Eisen und Nickel.

Die Schrauben dienten bei monometallischen Unruhringen nur zur leichteren Uhrenregulierung, besonders in den Lagen. Zur Zeit geht man bei mechanischen Uhren mittlerer und besserer Qualität allgemein zur Anwendung des *schraubenlosen Unruhringes* (Bild 17) über.

Der Kompensationsunruhring (Bimetall), der früher allgemein bei allen Uhren mittlerer und besserer Qualität verwendet wurde, wurde in letzter Zeit nur noch bei den Chronometern angewandt.

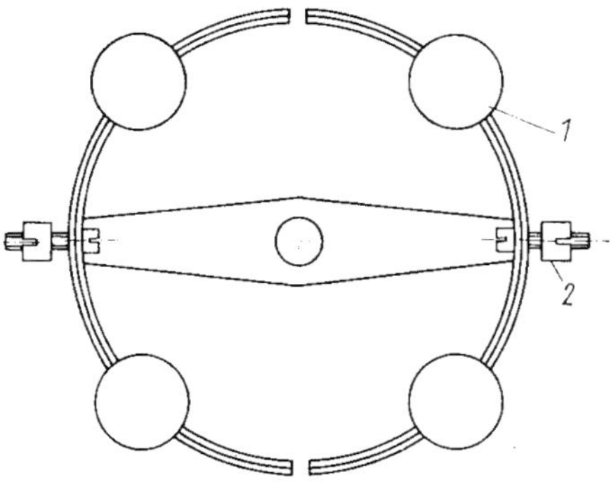

Bild 15
Guillaume-Kompensationsunruh
1 verschiebbare Massestücke
2 schraubbare Massestücke

Temperaturunabhängige Spirale

In neuzeitlichen mechanischen Armbanduhren verwendet man für Spiralen Legierungen, die kaum noch Elastizitätsschwankungen bei unterschiedlichen Temperaturen aufweisen. Dadurch entfallen die komplizierten und schwierig herzustellenden Kompensationseinrichtungen.

Die Spirale wird aus einer speziellen Legierung hergestellt, z. B. Elinvar, Isoval, Nivarox, die ihren Elastizitätsmodul bei Temperaturänderung weitgehend beibehält und gleichzeitig auch die insgesamt kleine Wirkung der Ausdehnung der Werkstoffe des Unruhringes und der Spirale kompensiert. Der Unruhring ist *monometallisch*, d. h. aus *einem* Metall (Bild 16), und nicht durchschnitten. Er kann aus beliebigem Werkstoff hergestellt werden, weil er keine Kompensationswirkung zu haben braucht.

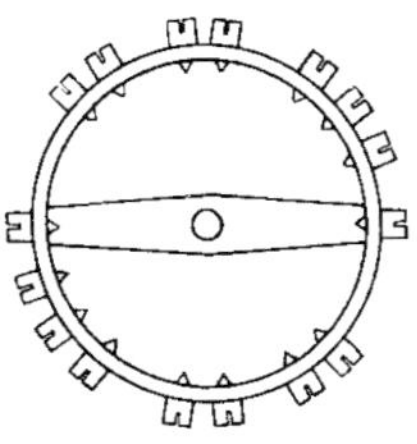

Bild 16. Geschlossener monometallischer Unruhring mit Schrauben

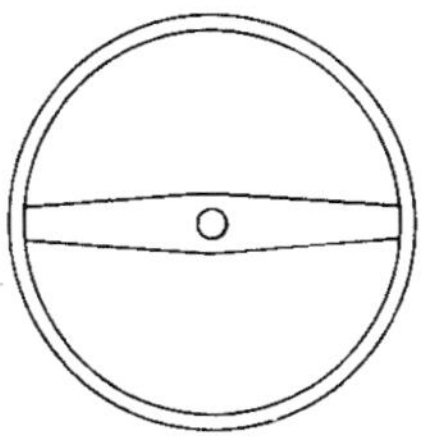

Bild 17. Monometallischer Unruhring für temperaturunabhängige Spiralen

2.2.2.2. Amplitudenunbeständigkeit

Bei der Unruh existiert kein Fehler durch das Gegenmoment. Darum haben wir keinen Grund, ihre Amplitude klein zu wählen. Im Gegenteil, es ist vorteilhaft, wenn die Unruh mit großer Amplitude, z. B. 270°, arbeitet. Bei großen Amplituden hat die Unruh nämlich eine größere Geschwindigkeit und widersteht besser den Einwirkungen der Störkräfte, die die Schwingungsdauer beeinflussen, z. B. dem Hemmungseinfluß. Es gibt eine Menge von Störeinflüssen, die Amplitudenunbeständigkeit hervorrufen, und alle wirken gleichzeitig. Wir werden die sechs wichtigsten von ihnen behandeln.

Unbeständigkeit infolge des Einflusses der Hemmung

Damit Energieverluste ausgeglichen werden, muß die Unruh über die Hemmung kleine Impulse bekommen, die die Schwingungsdauer — ähnlich wie beim Pendel — beeinflussen (s. Abschn. 2.1.2.3.).

Für Unruhuhren wird überwiegend die freie Hemmung verwendet, deren Störeinfluß nur auf kurzer Bahn wirkt, und zwar, wenn die Hemmung mit der Unruh verbunden ist, d. h. im Laufe des Hemmungswiderstandes und des folgenden Impulses (Bild 39). Als Folge muß man wieder das Nachgehen der Uhr in Kauf nehmen, das sich bei Verkleinerung der Amplitude vergrößert. Man kann es nicht ausschließen, sondern nur vermindern, z. B. durch Verringerung der Hemmungstiefe.

Unbeständigkeit infolge des Spiralenspiels im Rückerschlüssel

Wenn die Unruh in Mittelstellung steht, muß sich die Spiralenwindung genau in der Mitte des Spalts zwischen den Rückerstiften bzw. in der Mitte des Rückerschlüssels befinden. Ist das Spiel im Spalt groß, kommt bei Schwingungen mit kleiner Amplitude die aktive Länge der Spirale bis zum Kloben zur Geltung, die Spirale liegt an den Rückerstiften nicht an. Dadurch kommt es bei kleinen Amplituden zur Verlängerung der Schwingungsdauer (zum Nachgehen der Uhr). Bei großer Amplitude reicht die aktive Länge der Spirale praktisch nur bis zum Rückerschlüssel. Dieser Störeinfluß hat also die gleiche Folge wie der Störeinfluß der Hemmung.

Den Einfluß des Spiels der Spirale im Rückerschlüssel kann man wesentlich vermindern, indem man den Spalt möglichst schmal ausführt. Ein winziges Spiel muß allerdings erhalten bleiben, damit die Spirale beim Drehen des Rückers nicht gekrümmt wird. Vollständig könnte man den Störeinfluß des Spiels im Rückerschlüssel nur durch Beseitigung des Schlüssels erreichen, wie z. B. beim Schiffschronometer, oder durch eine Sonderausführung des Schlüssels, bei der die Spirale im Rücker festgeklemmt ist, was bisher wegen der Kompliziertheit nur selten angewendet wurde.

Unbeständigkeit infolge Änderung des Elastizitätsmoduls der Spirale

Der Elastizitätsmodul der Spirale ändert sich nicht nur in Abhängigkeit von der Temperatur (s. Abschn. 2.2.2.), sondern auch in Abhängigkeit von der Spannung in der Spirale. Bei einer ideal elastischen Spirale soll sich die Spannung proportional mit dem Ausschlagwinkel der Unruh vergrößern. So würde es dem Hookeschen Gesetz entsprechen. Leider wird nur eine Annäherung erreicht. Besonders große Elastizitätsabweichungen infolge Spannungsänderung im Spiralenwerkstoff zeigen sich bei einigen mit Elinvar verwandten Legierungen, deren Elastizität jedoch durch Temperaturänderungen nicht beeinflußt wird.

Elastizitätsabweichungen stören die Schwingungsdauer. Gewöhnlich bewirken sie ein Nachgehen von Uhren mit kleiner Amplitude der Unruh. Die Größe dieser Gangabweichung hängt vom Spiralenwerkstoff, seiner metallographischen Zusammensetzung und seiner Wärmebearbeitung ab.

Unbeständigkeit infolge des Einflusses der Befestigung der Spirale

Beim Schwingen der Unruh wickelt sich die Spirale ab und zieht sich wieder zusammen, so daß in ihr eine Grundspannung entsteht, die eine Umkehrkraft entwickelt und den Schwinger in seine Mittelstellung zurückbringt. Weil jedoch das innere Ende der Spirale in der Spiralrolle und das äußere Ende im Spiralklötzchen festgeklemmt ist, entsteht in den beiden Befestigungspunkten beim Zusammenziehen und Abwickeln der Spirale eine zusätzliche Spannung, die das Ausweichen der Spiralwindungen aus der Achse hervorruft. Diese Zusatzspannung addiert sich der Grundspannung in der Spirale und stört so die Schwingungsdauer der Unruh. Ihr Störeinfluß ändert sich, wenn sich die Amplitude und der Winkel β ändern (Bild 18), den die beiden Befestigungspunkte der Spirale zueinander bilden, bezogen auf die Mittelstellung der Unruh. Aus den Diagrammen ist ersichtlich, daß dieser Einfluß einen ungleichen Gang der Uhr (das Vor- und Nachgehen) verursacht.

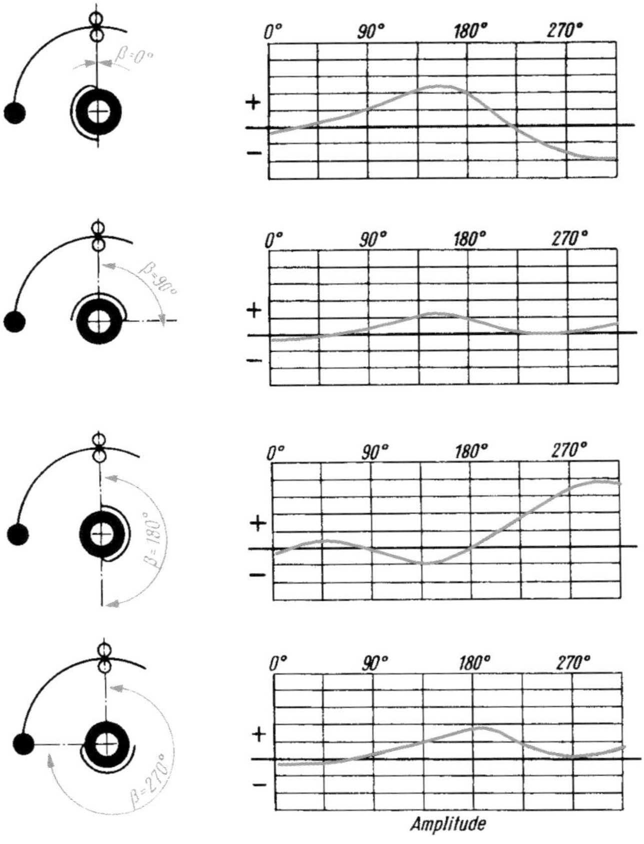

Bild 18. Einfluß der Befestigung des inneren Endes der Spirale auf das Vor- oder Nachgehen der Uhr

In Qualitätsuhren mit einer *flachen*, heute allgemein verwendeten *Spirale* (Bild 19) nutzt man diesen Fehler zur Kompensierung der übrigen Störeinflüsse durch Wahl eines günstigen Winkels β.

Bei einigen Typen von Präzisionsuhren beseitigt man den Störeinfluß der Spiralenbefestigung gänzlich. Man nutzt dazu eine zwar sinnreiche, jedoch arbeitsaufwendige konstruktive Besonderheit — sog. *Endkurven*. Zum Beispiel verwendet man bei Schiffschronometern eine *Wendelfeder* (Bild 21), deren obere und untere Windung mit einer Endkurve versehen werden. Wenn diese Kurven eine genaue Form haben, die durch Berechnung gegeben wird, sichern sie ein durchaus konzentrisches Abwickeln, so daß die Zusatzspannungen in beiden Befestigungspunkten und dadurch auch die entsprechenden Störeinflüsse entfallen.

Einen Kompromiß stellt die *Breguet-Spirale* dar, die nur die äußere Endkurve hat. Zur Geltung kommt hier also nur der Störeinfluß des inneren Befestigungspunktes. Es handelt sich um eine flache Spirale, deren letzte Windung über das Niveau der übrigen Windungen hochgebogen und mit der Endkurve versehen wird (Bild 20).

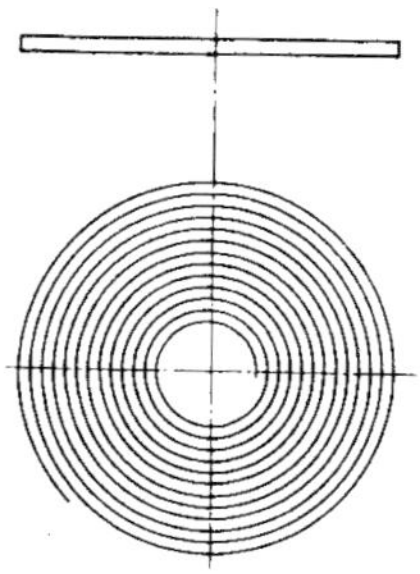

Bild 19. Flache Spirale

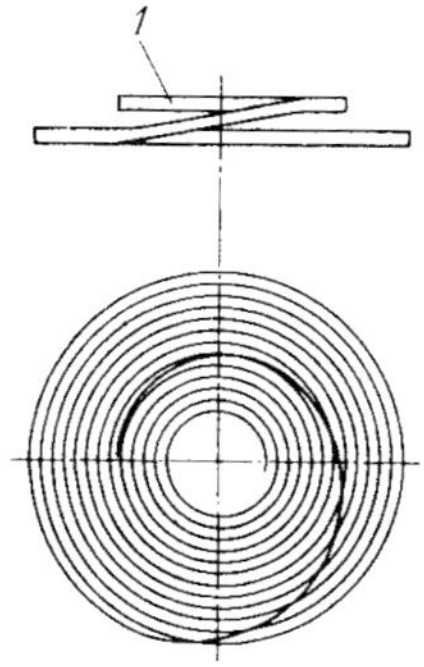

Bild 20. Breguet-Spirale
1 äußere Endkurve

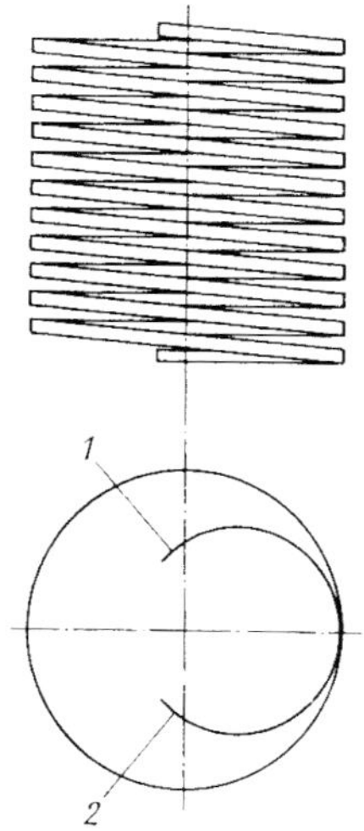

Bild 21. Wendelfeder („zylindrische" Spirale)
1 Endkurve unten
2 Endkurve oben

Unbeständigkeit infolge des außermittigen Unruhschwerpunktes (Unwuchtfehler)

Eine ungenügend ausgewuchtete Unruh hat den Schwerpunkt außerhalb ihrer Achse. Mit anderen Worten: Sie hat an bestimmter Stelle einen Überschuß an Masse, auf den die Gravitation wirkt. Der außermittige Unruhschwerpunkt verursacht ein Vor- oder Nachgehen der Uhr, und zwar abhängig von der Amplitudengröße und der Lage des Schwerpunktes unter- oder oberhalb der Achse.

Aus Bild 22 ersieht man, daß dieser Störeinfluß bei einer Amplitude von 220° bei beliebiger Lage des Masseüberschusses gleich Null ist. Wenn sich der Masseüberschuß bei mittlerer Stellung der Unruh rechts oder links der Achse befindet, ist die Störwirkung bei allen Amplituden gleich Null.

Die Auswirkungen des außermittigen Schwerpunktes zeigen sich besonders bei waagerechter Lage der Unruhwelle, während sie in senkrechter Lage nicht auftreten.

Den Einfluß des außermittigen Unruhschwerpunktes kann man durch sorgfältiges Auswuchten praktisch ganz beseitigen.

Unbeständigkeit infolge des außermittigen Schwerpunktes der Spirale

Eine flache Spirale ohne Endkurven hat ihren Schwerpunkt nicht in der Achse der Unruh, auch wenn sie richtig zentriert ist. Hat sie eine vollständige Windungszahl, liegt ihr Schwerpunkt bei mittlerer Stellung auf der Seite gegenüber der *ersten inneren Halbwindung*, und zwar in einer Entfernung von etwa 0,25 Spiralensteigung von der Unruhachse.

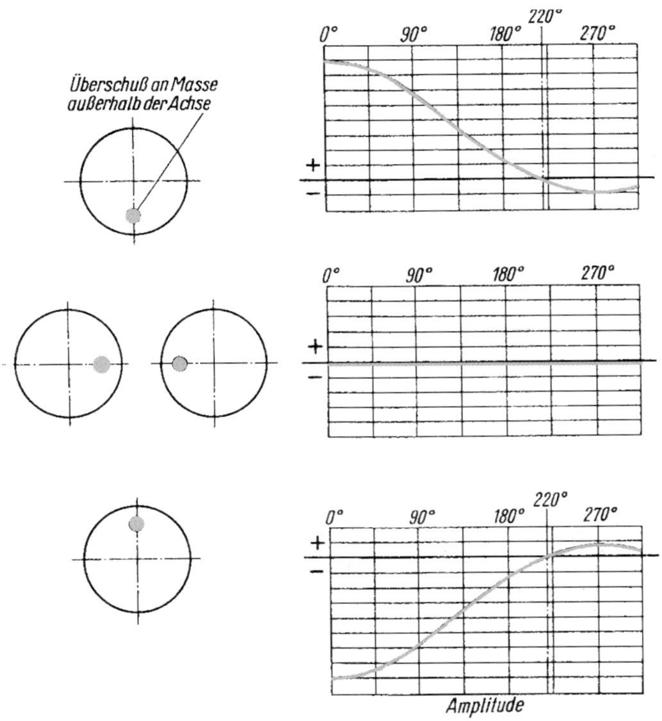

Bild 22. Einfluß der Schwerpunktlage einer nicht ausgewuchteten Unruh

Beim Schwingen der Unruh wickelt sich die flache Spirale infolge des Einflusses ihrer Befestigung in beiden Endpunkten exzentrisch ab. Demzufolge entfernt und nähert sich der Schwerpunkt abwechselnd der Unruhachse (Bild 23). Weil aber das äußere Ende der Spirale im Spiralklötzchen befestigt ist, werden die äußeren Windungen dort in größerem Maße abgestützt als die inneren. Störend wirken folglich hauptsächlich die inneren Windungen, die von der Unruh getragen werden.

Der exzentrische Spiralenschwerpunkt hat auf den Uhrengang eine ähnliche Wirkung wie der außermittige Unruhschwerpunkt, weil auch er durch die Gravitation beeinflußt wird. Er zeigt sich ebenfalls nur in waagerechter Lage der Unruhwelle, während er in den vertikalen Lagen nicht wirksam ist. Er verursacht ein Vor- oder Nachgehen der Uhr, jedoch mit der Besonderheit, daß die Nullwirkung nicht bei einer Amplitude von 220°, sondern bei etwa 170° erscheint. Tafel 3 zeigt den Einfluß der Lage des inneren Befestigungspunktes und dadurch auch den der Schwerpunktlage der Spirale auf den Uhrengang in Abhängigkeit vom Drehsinn ihrer Windung. Die Darstellung hat nur für Amplituden zwischen 170° und 300° Gültigkeit, d. h. für allgemein angewandte Amplituden. Für Amplituden unter 170° bekommen die angeführten Gangveränderungen umgekehrte Werte.

Aus Tafel 3 ist weiterhin ersichtlich, daß die Uhr bei Schwerpunktlage oben, d. h. bei der ersten Halbwindung unten, nachgeht. Umgekehrt geht die Uhr bei Schwerpunktlage unten, d. h. bei der ersten Halbwindung oben, vor.

Den Einfluß des exzentrischen Spiralenschwerpunktes kann man mit Hilfe der inneren Spiralendkurve beseitigen, deren Herstellung jedoch sehr aufwendig ist. Man kann den

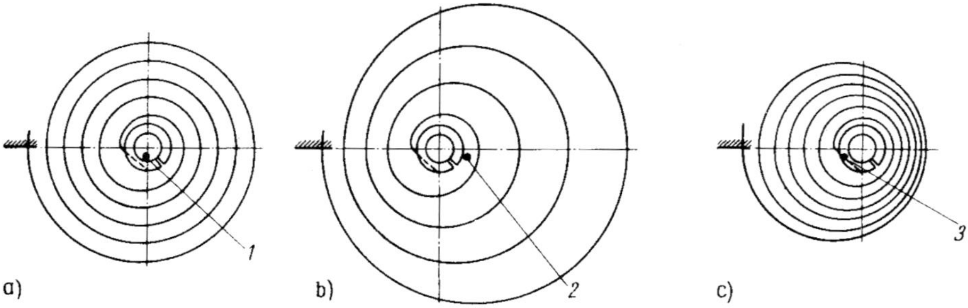

Bild 23. Schwerpunktlage der Spirale

a) mittlere Stellung; b) abgewickelter Zustand; c) zusammengezogener Zustand
1; 2; 3; Spiralenschwerpunkte

Einfluß auch genügend vermindern, indem man die Lage des inneren Befestigungspunktes so wählt, daß in der vertikalen Lage der Uhr, wenn sich die Unruh in waagerechter Lage befindet, die Gangabweichung nach Tafel 3 fast Null ist.

Tafel 3. Durch den exzentrischen Spiralenschwerpunkt verursachte Gangabweichungen

Wicklungsrichtung der Spirale (Ansicht von der Brückenseite)	Lage des inneren Befestigungspunktes (mittlere Stellung der Unruh)	Tendenz der Abweichung[1])
linksdrehend 	 oben	0
	 rechts	vorgehen
	 unten	0
	 links	nachgehen
rechtsdrehend 	 oben	0
	 rechts	nachgehen
	 unten	0
	 links	vorgehen

[1]) 0 bedeutet: keine Nullabweichung, sondern eine kleine vernachlässigbare Abweichung.

2.2.2.3. Gegenseitige Kompensation von Störeinflüssen

Schauen wir uns jetzt an, wie man Störeinflüsse *kompensieren* kann, die den Gang der Uhr beeinflussen. Besonders wirken sie auf den Gang von *Armbanduhren*, da sich diese empfindlicher zeigen als andere Uhrentypen. Weitere Erwägungen werden die Unruh mit flacher Spirale betreffen, die man zur Zeit bei mechanischen Armbanduhren überwiegend verwendet.

Von den sechs angeführten Störeinflüssen können wir mit Hilfe herkömmlicher Mittel durch einwandfreies Auswuchten den Einfluß des außermittigen Unruhschwerpunktes beseitigen. Andere Einflüsse können wir nur gegenseitig kompensieren.

Diese sind:

- Einfluß der Hemmung
- Einfluß des Spiralenspiels im Rückerschlüssel
- veränderliche Elastizität der Spirale (bei einigen Arten)
- Einfluß der Spiralenbefestigung
- Einfluß des exzentrischen Spiralenschwerpunktes.

Die ersten drei Einflüsse verursachen ein Nachgehen der Uhr in allen Lagen, das sich bei kleiner werdender Amplitude vergrößert und schon bei einer Amplitude von 180° nach 24stündigem Gang der Uhr sehr bemerkbar macht. Die restlichen zwei Einflüsse haben eine amplitudenabhängige Auswirkung: Bei einer sich ändernden Amplitude bewirken sie ein Nach- oder ein Vorgehen. Der Einfluß der Spiralenbefestigung zeigt sich in allen Uhrenlagen, während der Einfluß des exzentrischen Spiralenschwerpunktes nur in vertikalen Uhrenlagen (Unruhwelle waagerecht) wirkt. Beide Einflüsse nutzt man vorteilhaft zur Kompensation der ersten drei Einflüsse, indem man ihre Auswirkungen einander so anpaßt, daß sie ein Vorgehen bei kleinen Amplituden hervorrufen. Dadurch kompensiert man das Nachgehen, das durch die Hemmung, durch das Spiralenspiel im Rückerschlüssel und durch die veränderliche Spiralenelastizität hervorgerufen wurde.

Das Nachgehen als Folge der drei erstgenannten Einflüsse kann in allen Uhrenlagen auch allein der Einfluß der Spiralenbefestigung kompensieren. Diese Kompensation wird nach dem *Caspari-Lehrsatz* durchgeführt: Man gibt der Spirale eine ganzzahlige Windungszahl. Eine so angepaßte Spirale hat einen Winkel β gleich Null (Bild 18). Wenn die Amplitude von 270° auf 180° sinkt, kommt es zu schrittweise wachsendem Vorgehen der Uhr, und das erwähnte Nachgehen wird kompensiert. Wie man weiter aus Bild 18 sieht, verliert die Caspari-Kompensation ihre Wirkung bei Amplituden unter 180°, bei denen sie direkt gegensätzlich wirkt. Darum muß man das Sinken der Amplitude unter 180° verhindern.

Das Nachgehen als Folge der erstgenannten Störeinflüsse ist in vertikalen Uhrenlagen wegen der stärkeren Verringerung der Amplitude, die durch größere Zapfenreibung verursacht wird, größer als in horizontalen Lagen. Darum ist es vorteilhaft, in vertikalen

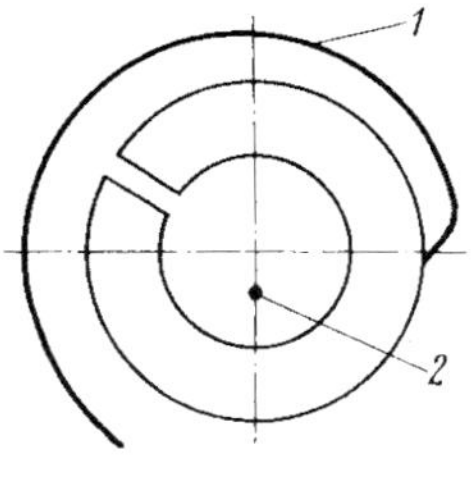

Bild 24. Lage des inneren Befestigungspunktes bei linksgewundener Spirale

1 erste Halbwindung; *2* Spiralenschwerpunkt

Uhrenlagen den feiner wirkenden Einfluß des exzentrischen Spiralenschwerpunktes als eine zusätzliche Kompensation zu nutzen. Das wird nach dem *Grossmann-Lehrsatz* durchgeführt. Den inneren Befestigungspunkt der Spirale bringt man so an, daß sich in der am häufigsten auftretenden vertikalen Uhrenlage *die erste Halbwindung oberhalb der Unruhachse* befindet (Bild 24).

Damit man gleichzeitig die Caspari- und die Grossmann-Kompensation anwenden kann, muß man schon bei der Uhrenkonstruktion eine bestimmte Lage des Rückerschlüssels zur Unruhachse wählen, und zwar so, daß er sich dem inneren Befestigungspunkt der Spirale gegenüber befindet und daß in der am häufigsten auftretenden Uhrenlage die erste Halbwindung oberhalb der Unruhachse liegt. Wie Tafel 3 zeigt, ist diese Bedingung erfüllbar, wenn sich bei linksdrehender Spirale der Rückerschlüssel rechts von der Unruhachse und bei rechtsdrehender Spirale links von der Unruhachse befindet, betrachtet für die am häufigsten auftretenden Uhrenlagen.

Moderne Armbanduhren mit flacher Spirale und mit einem sog. *orientierten inneren Punkt* ihrer Befestigung, d. h. mit Caspari- und Grossmann-Kompensation, sind grundsätzlich zum Tragen am linken Handgelenk konstruiert. Allgemein können diese Uhren nach Tafel 4 sechs Grund-Lagen annehmen. Die drei am häufigsten auftretenden Lagen sind: Zifferblatt oben (*CH*), Krone links (*6H*), Krone unten (*9H*).

Für die Grossmann-Kompensation interessieren uns nur vertikale Uhrenlagen, d. h. die Lagen *6H* und *9H*. Der Uhrenkonstrukteur muß die Stellung des Rückerschlüssels so wählen, daß er den orientierten Punkt der ersten Spiralenhalbwindung zwischen *6H* und *9H* sichert (Bild 25). Beiden Uhrenlagen gleichzeitig zu entsprechen ist nicht möglich. Das Abweichen von der günstigsten Lage um 45° nach oben oder nach unten schwächt die Grossmann-Kompensation; es ist aber dessenungeachtet möglich, den gleichen Gang in den Uhrenlagen *6H* und *9H* zu sichern.

Tafel 4. Prüflagen der Armbanduhren (TGL 37865/01)

Lage	Erklärung	Kurzzeichen
	Zeitanzeige oben	*CH*
	Gehäuseboden oben	*FH*
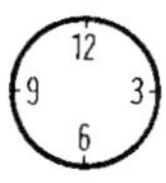	Ziffer 12 oben	*12H*
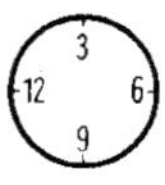	Ziffer 3 oben	*3H*
	Ziffer 6 oben	*6H*
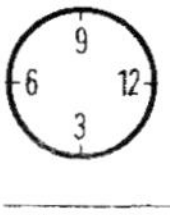	Ziffer 9 oben	*9H*

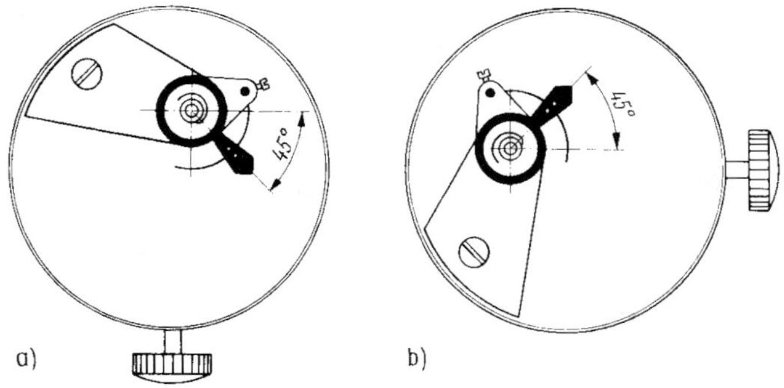

Bild 25. Lage der Spirale und des Rückerschlüssels

a) Lage Ziffer 9 oben; b) Lage Ziffer 6 oben (beim Blick in das Uhrwerk befindet sich die Krone rechts)

Durch die beschriebene Kompensation gleicht sich das Nachgehen, das durch den Einfluß der Hemmung, des Spiralenspiels im Rückerschlüssel und der veränderlichen Spiralenelastizität verursacht wurde, voll aus. Es kann sogar zu einer sog. Überkompensation kommen, d. h. zu einem bestimmten Vorgehen der Uhr in vertikaler Lage und nach 24stündigem Gang. In diesem Falle kann man sich durch eine winzige Vergrößerung des Spiralenspiels im Rückerschlüssel helfen.

3. Hemmungen

Die Hemmung in Uhren ist ein Sperrmechanismus bzw. ein Sperrgetriebe. Sie hat zwei Aufgaben zu erfüllen:

- die Antriebsenergie vom Räderwerk auf den Schwinger zu übertragen. Das geschieht in Form feiner Impulse, deren Zeitpunkt der Schwinger selbst steuert, entweder bei jeder Halbschwingung oder während einer vollen Schwingung
- das Räderwerk im Rhythmus des Schwingsystems anzuhalten und wieder freizugeben, so daß es sich nur um einen bestimmten — immer den gleichen — Teil der Zahnteilung des Hemmungsrades dreht.

Sie dient also der Energieübertragung und der Energiesteuerung.

> Je nach der Konstruktion kann eine Hemmung mit dem Schwingsystem entweder *ständig* (während der gesamten Schwingungsdauer) oder nur *zeitweilig* (während eines bestimmten Schwingungsteiles) verbunden sein. Je kürzere Zeit sich die Hemmung mit dem Schwingsystem verbindet, um so weniger stört sie seine Schwingungsdauer.

Eine Hemmung besteht aus dem *Hemmungsrad*, das ständig mit dem Räderwerk der Uhr im Eingriff steht, und aus einer Anschlagsperre, die *Anker* genannt wird.

Man unterteilt die Hemmungen nach verschiedenen Gesichtspunkten. Zuerst die Einteilung nach ihrer Verbindung mit dem Schwingsystem.

Mit dem Schwingsystem ständig verbundene Hemmungen

- *Rückführende Hemmungen.* Bei ihnen dreht sich das Hemmungsrad während der Bewegung des Schwingsystems im Ergänzungsbogen um eine bestimmte Strecke entgegen der Richtung der Triebkraft zurück. Das Schwingsystem wird dabei stark gebremst und gezwungen, vorzeitig die Richtung seiner Bewegung zu ändern, wodurch seine Schwingungen spürbar gestört, d. h. unfrei werden.
- *Ruhereibende Hemmungen.* Bei ihnen dreht sich das Hemmungsrad während der Bewegung des Schwingsystems im Ergänzungsbogen nicht zurück; es bleibt in Ruhestellung. Es befindet sich ständig in Verbindung mit dem Schwingsystem, wobei Reibung entsteht, die jedoch die Schwingungsdauer viel weniger stört, als es bei rückführenden Hemmungen der Fall ist.

Mit dem Schwingsystem zeitweilig verbundene Hemmungen

Man bezeichnet sie aufgrund ihrer Wirkungsweise als *freie Hemmungen.* Bei ihnen unterbricht der Schwinger im Auslauf seine Verbindung mit der Hemmung und schwingt einen großen Teil frei. Infolgedessen zeigen sich hier die Störeinflüsse der Hemmung (s. Abschnitte 2.1.2.3. und 2.2.2.2.) weniger als bei den beiden vorgenannten Arten.

Außerdem teilt man die Hemmungen nach der Art des Schwingsystems in zwei Gruppen:

- Hemmungen der Pendeluhren und
- Hemmungen der Unruhuhren.

3.1. Hemmungen der Pendeluhren

Für Pendeluhren verwendet man am häufigsten Hemmungen, die ständig mit dem Schwingsystem, d. h. dem Pendel, verbunden sind.

Am verbreitetsten sind zwei Hemmungsarten:

- Hakenhemmung aus der Gruppe der rückführenden Hemmungen (Bild 26), die bei einfachen Uhren angewandt wird;
- Graham-Hemmung (Bild 29) aus der Gruppe der Hemmungen mit Ruhereibung, die bei den Uhren von mittlerer und besserer Qualität verwendet wird.

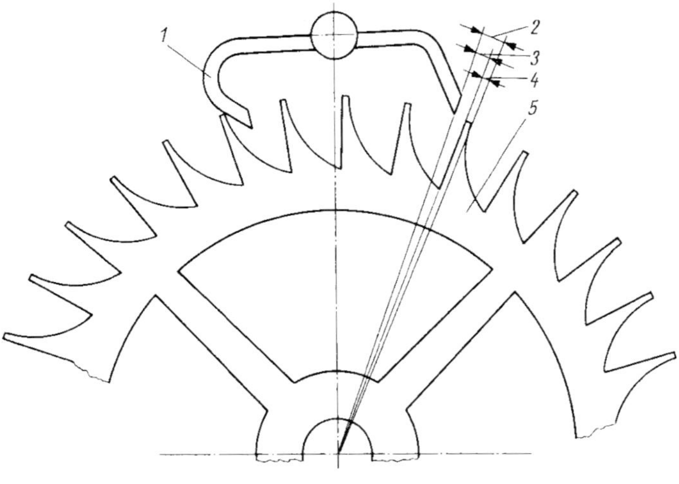

Bild 26. Hakenhemmung

1 Hakenanker; *2* Fall des Ankerrades (Weg, den das Rad frei durchläuft, nachdem die Hebung beendet ist); *3* Fallspiel; *4* Zahnspitzenbreite; *5* Ankerrad (Hemmungsrad)

Freie Pendelhemmungen, z. B. die Riefler-Hemmung und die Strasser-Hemmung, werden nur bei den genauesten mechanischen Uhren verwendet. Mit ihnen werden wir uns jedoch nicht ausführlicher beschäftigen[1]).

[1]) Beschreibung von Riefler- und Strasser-Hemmung s. das Buch von Prof. Hajna: Grundlagen der Feinmechanik und der Uhrmacherei, Praha 1953, S. 290 und 292 (tschechisch).

3.1.1. Hakenhemmung

Das Ankerrad besteht aus Messing, es hat Spitzzähne. Der Hakenanker ist aus einem gehärteten, 0,4 bis 0,8 mm dicken Stahlband hergestellt. Die Hebeflächen sind an den Berührungsstellen des Ankers mit dem Ankerrad poliert, damit die Reibung weitgehend verringert wird. Der Anker greift über 2,5 bis 5,5 Teilungen des Ankerrades, je nach der Amplitudengröße des Pendels. Er gibt bei jeder Halbschwingung das Ankerrad um eine halbe Teilung frei. Das Pendel ist meist leicht und kurz.

Beschreibung der Funktion

Bild 27a stellt die Bewegung eines Pendels dar, die gleichzeitig auch die Bewegung des mit dem Pendel verbundenen Ankers ist. Wenn das Pendel den rechten Umkehrpunkt *1* erreicht hat, verändert es durch die Kraftwirkung des Zahnes *A* auf den Anker die Richtung seiner Bewegung (Bild 28a). Von diesem Augenblick an erhält das Pendel einen Impuls. Im Verlauf des Impulses drückt der Zahn *A* des Ankerrades auf den Anker; Ankerrad und Anker drehen sich. Im Punkt 2 (Bild 27a) endet der Impuls (Bild 28b). Der Zahn *A* gleitet von der linken Ankerhebefläche herunter, und das Ankerrad wird

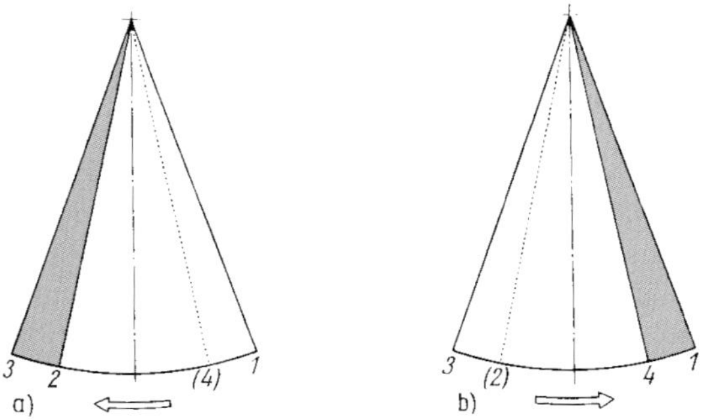

Bild 27. Schwingungsbild eines Pendels, das mit einer Hakenhemmung verbunden ist

a) Linksschwingung des Pendels
Weg von *1* nach *2*: Impuls durch das Ankerrad
Weg von *2* nach *3*: Ergänzungsbogen mit Rückführung des Ankerrades
b) Rechtsschwingung des Pendels
Weg von *3* nach *4*: Impuls durch das Ankerrad
Weg von *4* nach *1*: Ergänzungsbogen mit Rückführung des Ankerrades

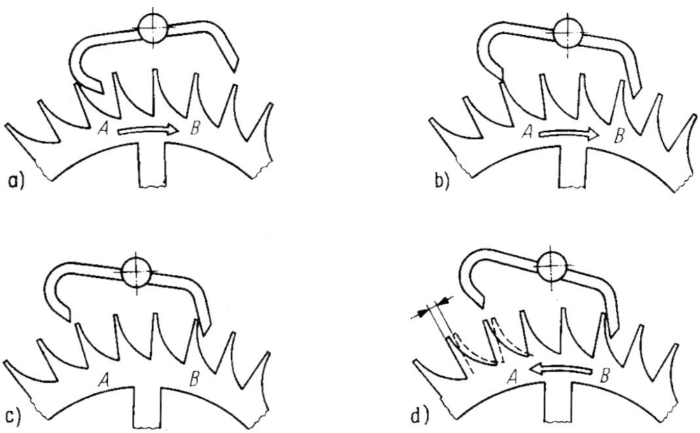

Bild 28. Funktion der Hakenhemmung

a) Rechter Umkehrpunkt des Pendels und Anfang des Impulses; b) Ende des Impulses und Anfang des Falls; c) Ende des Falls und Anfang der Rückbewegung des Ankerrades; d) Linker Umkehrpunkt des Pendels und Ende der Rückbewegung des Ankerrades

für einen Augenblick frei. Es durchläuft eine kurze Strecke, die man Fall nennt, in Richtung des Pfeiles, bis der Zahn *B* (Bild 28c) des Ankerrades auf die linke Ankerhebefläche stößt.

Damit hat die Hemmung ihre Grundfunktion beendet, und das Pendel könnte theoretisch zurückschwingen. Praktisch ist das jedoch nicht möglich, weil die Amplitude des Pendels schwankt. Darum ist man gezwungen, dem Pendel noch den sog. *Ergänzungsbogen* zu geben, um zu sichern, daß bei jeder Schwingung, auch bei einer mit verminderter Amplitude, ein weiterer Zahn des Ankerrades abfällt. Beim Schwingen im Ergänzungsbogen drückt das Pendel mit Hilfe des Ankers auf den Zahn *B* und bewirkt so eine *Rückführung* des Ankerrades, d. h. seine Drehung entgegen der Richtung der Antriebskraft (Bild 28d).

Beim Zurückschwingen des Pendels kommt es zu einem ähnlichen Funktionsablauf (Bild 27b). Der Impuls fängt bei Punkt *3* an und endet am Punkt *4*. Über die Schwingung im Ergänzungsbogen kehrt das Pendel zum Umkehrpunkt *1* zurück.

Der Zweck des Falls liegt in der Schaffung eines sog. *Fallspiels*, das sichert, daß nur eine Ankerhebefläche in das Ankerrad eingreift. Sonst könnte die zweite Ankerhebefläche an die Spitze des Zahnes *A* anstoßen (Bild 28c), der schon abgefallen ist. Die Folge wäre ein sofortiges Anhalten des Uhrwerks. Für das Bestimmen des Fallspiels macht

Tafel 5. Fehlererkennen an der Hakenhemmung

Wirkung	Ursache	Beseitigung
Die Spitze des Ankerradzahns legt einen größeren Weg beim Fall auf die Ankerhebefläche der Ausgangsseite zurück als beim Fall auf die Ankerhebefläche der Eingangsseite.	Der Hakenanker ist zu weit, wenn der „innere Fall" zu groß ist.	Die rechte Ankerhebefläche (Ausgangsseite) ist weiter nach innen zu versetzen (evtl. Stahlplättchen auflöten) oder passenden Anker einsetzen.
Die Spitze des Ankerradzahns legt einen normalen Weg beim Fall auf die Ankerhebefläche der Eingangsseite zurück, beim Fall auf die Ankerhebefläche der Ausgangsseite ist dagegen der Fall zu gering.	Der Hakenanker ist zu eng, wenn der „innere Fall" zu gering ist.	Die linke Ankerhebefläche (Eingangsseite) wird an der unteren Ecke gekürzt und wieder poliert.
Die Spitze des Ankerradzahns legt beim Fall auf die Ankerhebefläche der Ausgangsseite einen normalen Weg zurück, der Fall auf die Ankerhebefläche der Eingangsseite ist dagegen zu groß.	Der Achsenabstand zwischen Ankerradlager und Hakenankerlager ist zu weit, wenn der „äußere Fall" zu groß ist.	Der Achsenabstand muß verringert werden, indem das Exzenterfutter verstellt oder die Brücke für das Ankerlager versetzt wird.
Der Fall der Ankerradzähne ist unterschiedlich während eines Umgangs des Ankerrades.	Das Ankerrad läuft unrund, oder der Ankerhaken ist locker auf der Ankerwelle befestigt.	Das Ankerrad ist vom Drehpunkt her zu zentrieren oder zu ersetzen. Der lockere Ankerhaken muß fest mit der Welle in Preßsitz gebracht werden.

sich die Zahnspitzenbreite ungünstig bemerkbar. Sie vermindert das Fallspiel so, daß man gezwungen ist, einen größeren Fall zu wählen (Bild 26).

Die Hakenhemmung findet man am häufigsten bei einfachen Zimmer- und Küchenuhren und beim Weckwerk zur Bewegung des Weckhammers.

3.1.2. Graham-Hemmung

Das Ankerrad besteht aus Messing. Der Anker wird ebenfalls aus Messing massiv mit eingesetzten Stahl- (oder Rubin-) Paletten gefertigt. Die *Paletten* sind mit Laschen und Schrauben in den Ankernuten verschiebbar befestigt. Der Anker greift über 6,5 bis 12,5 Teilungen des Ankerrades (Bild 29). In Verbindung mit dieser Hemmung verwendet man gewöhnlich längere und schwerere Pendel, am häufigsten im Zusammenhang mit einem Gewichtantrieb.

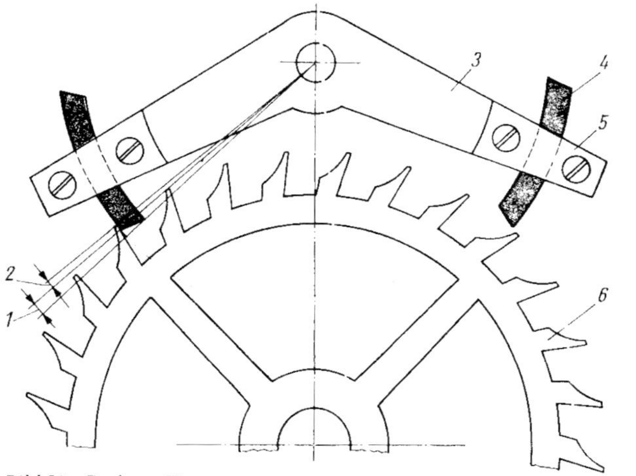

Bild 29. Graham-Hemmung

1 Hebungswinkel; *2* Ruhewinkel; *3* Anker; *4* Palette; *5* Lasche; *6* Ankerrad

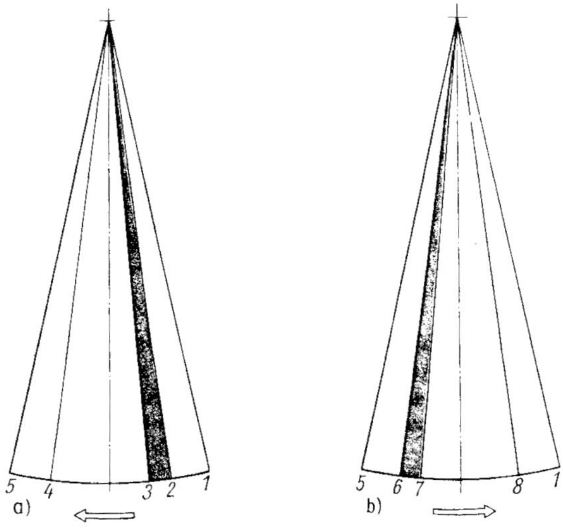

Bild 30. Schwingungsbild eines Pendels, das mit einer Graham-Hemmung verbunden ist

a) Linksschwingung

b) Rechtsschwingung

1 und *5* Umkehrpunkte nach den Ergänzungsbogen; *1* nach *2* sowie *5* nach *6* Ruhereibung während der Rückschwingung im Ergänzungsbogen; *2* nach *3* sowie *6* nach *7* Ruhereibung während der Rückschwingung im Ruhewinkel; *3* nach *4* sowie *7* nach *8* Impuls während des Hebungswinkels; *4* nach *5* sowie *8* nach *1* Ergänzungsbogen

Beschreibung der Funktion

Auch bei der Graham-Hemmung ist die Pendelbewegung gleichzeitig die Ankerbewegung (Bild 30a). Das Pendel befinde sich im rechten Umkehrpunkt *1* und schwinge in Richtung zur Mittelstellung. Der Zahn *A* (Bild 31a) liegt auf der linken Seite der Eingangspalette an. Beim Erreichen des Punktes *2* (Bild 30a) beendet das Pendel den Ergänzungsbogen (Stellung des Ankers auf Bild 31b) und setzt seine Bewegung zum Punkt *3* fort (Bilder 30a und 31c). Den Winkel, den der Anker während der Pendelbewegung vom Punkt *2* zum Punkt *3* durchläuft, nennt man den *Ruhewinkel*. Das Ankerrad befindet sich in Ruhe bis zum Punkt *3*; dann fängt es an, sich zu drehen, wobei der Zahn *A* des Ankerrades auf der schrägen Fläche der Eingangspalette, der sog. Hebefläche, gleitet und dem Pendel einen Impuls (Hebung) gibt, der bis zum Punkt *4* dauert (Bilder 30a und 31d). Nach Beendigung

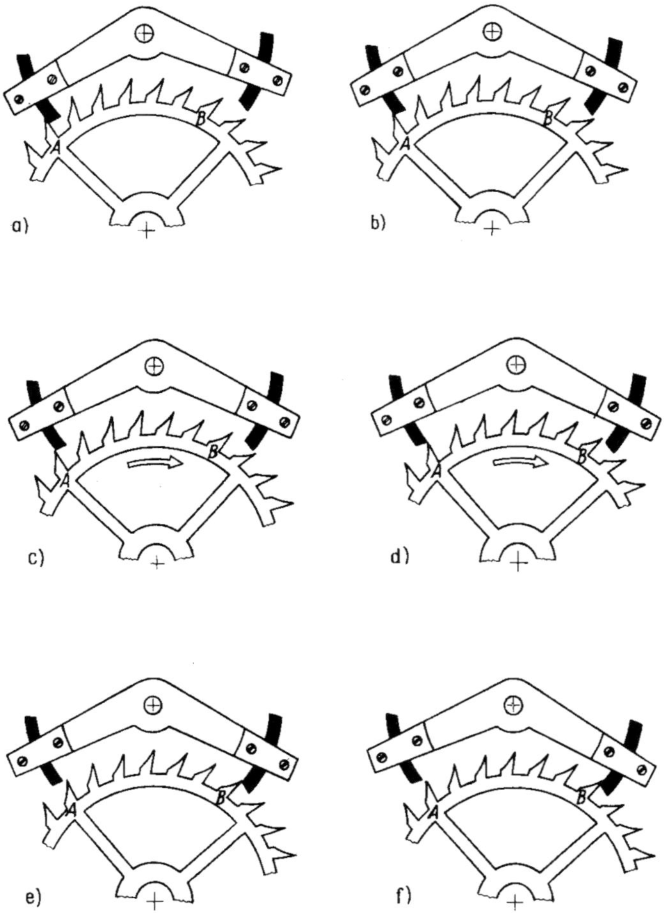

Bild 31. Funktion der Graham-Hemmung

a) rechter Umkehrpunkt des Pendels nach dem Ergänzungsbogen; b) Ende der Schwingung des Pendels im Ergänzungsbogen und Anfang der Hebung; c) Anfang des Impulses (Hebung); d) Impulsende und Anfang des Ankerradfalls; e) Ende des Falls und Anfang der Schwingung des Pendels im Ergänzungsbogen; f) linker Umkehrpunkt des Pendels nach dem Ergänzungsbogen

Tafel 6. Fehlererkennen an der Graham-Hemmung

Wirkung	Ursache	Beseitigung
Der Anker wird auf der Eingangs- und Ausgangsseite durch die Zahnspitzen des Ankerrades zu viel oder zu wenig gehoben. Der Impuls (Hebung) ist entweder beiderseitig zu groß oder zu klein.	Die Hebeflächen der Eingangs- und Ausgangspaletten haben eine zu geringe oder zu starke Neigung.	Beide Palettenhebeflächen sind auf den richtigen Hebungswinkel umzuschleifen, so daß der gemeinsame theoretische Hebekreis größer oder kleiner wird.
Der Anker wird von einer Palettenhebefläche mehr angehoben als von der anderen. Auch ist die „Ruhe" auf den Eingangs- und Ausgangsseiten der Paletten ungleich.	Die Hebeflächen der Eingangs- und Ausgangspaletten haben ungleiche Neigung.	Eine Palettenhebefläche ist auf den Hebungswinkel der anderen Palettenhebefläche umzuschleifen.
Die Spitze des Ankerradzahns legt einen zu großen Weg beim Fall auf die Palettenruhefläche der Eingangspalette zurück, während der Fall auf die Ruhefläche der Ausgangspalette normal ist.	Der Achsenabstand zwischen Ankerradlager und Ankerwellenlager ist zu weit. Der „äußere Fall" ist zu groß.	Durch Verdrehen des Exzenterfutters wird der Achsenabstand verringert.
Die Spitze des Ankerradzahns legt einen zu kleinen Weg beim Fall auf die Palettenruhefläche der Eingangspalette zurück, während der Fall auf die Ruhefläche der Ausgangspalette normal ist.	Der Achsenabstand zwischen Ankerradlager und Ankerwellenlager ist zu gering. Der „äußere Fall" ist zu klein.	Durch Verdrehen des Exzenterfutters wird der Achsenabstand vergrößert.
Der Fall der Ankerradzähne ist ungleich während eines Umgangs des Ankerrades.	Die Teilung des Rades ist ungleich, oder das Rad läuft unrund.	Das Ankerrad muß erneuert werden.
Der Fall der Ankerradzähne ist an der Eingangs- und der Ausgangspalette entweder zu weit oder zu gering.	Beide Paletten sind entweder zu dünn oder zu dick.	Beide Paletten sind durch zwei passende auszuwechseln, die die richtige Stärke haben.
Die Spitzen der Ankerradzähne fallen entweder auf eine zu große oder auf eine zu geringe „Ruhe"	Die Paletten sind entweder zu tief oder zu knapp in die Ankernuten eingeschoben und greifen zu viel oder zu wenig in den Zahnspitzenkreis des Ankerrades ein.	Die Paletten sind nach Lösen der Laschen in den Ankernuten zu verschieben, bis die gewünschte „Ruhestellung" erreicht ist. Wird nur eine Palette um den doppelten Betrag verschoben, dann muß an der Ankergabel der „Abfall" des Pendels berichtigt werden.

der Hebung wird das Ankerrad frei, und es läuft im Fall, bis Zahn *B* auf die Ruhefläche der Ausgangspalette stößt (Bild 31e). Von Punkt *4* bis Punkt *5* bewegt sich das Pendel wieder im Ergänzungsbogen (Bilder 30a und 31f). Zu einer Rückführung des Ankerrades kommt es allerdings nicht, weil die Ruheflächen der Paletten durch Kreise gebildet werden, die mit der Ankerachse konzentrisch sind. Nach dem Erreichen des linken Umkehrpunktes schwingt das Pendel zurück, und der Vorgang wiederholt sich in den einzelnen Phasen bis zum rechten Umkehrpunkt (Bild 30b).

Die Bewegung des Ankerrades ist gegenüber der Bewegung des Pendels wesentlich einfacher. Bei jeder Halbschwingung dreht es sich um eine halbe Teilung[1]). Diese Bewegung des Ankerrades setzt sich aus Führung (Impuls) und Fall zusammen (Bild 32).

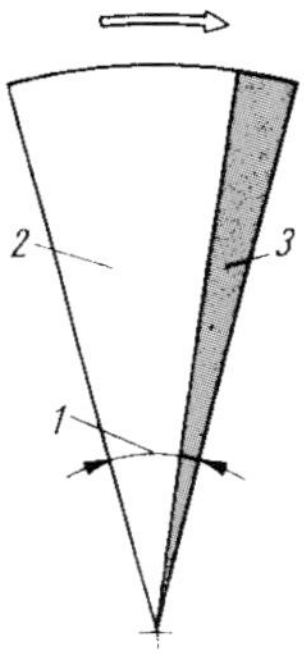

Bild 32. Bewegung des Ankerrades bei einer Halbschwingung des Pendels
1 0,5-Teilung; *2* Führung (Impuls); *3* Fall

Der Ruhewinkel bestimmt die Länge des Kreisbogens der *Ruhefläche* (Bild 29), mit der die Palette während des Falls in die Zahnspitzenbahn des Ankerrades eingreift, um zu sichern, daß es sich immer nur um eine halbe Teilung dreht.

Die Graham-Hemmung kann sehr genau hergestellt werden, und darum wird sie auch für solche Pendel verwendet, die eine ganz kleine Amplitude haben (1°). Man findet sie bei Wanduhren mit langem Pendel von mittlerer bis bester Qualität. Weil man mit ihr eine große Genauigkeit der Zeitmessung erreichen kann, verwendete man sie früher auch für astronomische Uhren.

3.1.3. Pendelführungen

Nur bei einigen Uhrentypen ist das Pendel direkt auf der Ankerwelle befestigt (Bild 7a). Die Zapfenreibung vergrößert in diesem Fall den Störeinfluß auf die Schwingungsdauer. Um die Reibung auszuschalten, verwendet man in besseren Uhren eine Pendelfeder, an der das Pendel mit einer Pendelführung hängt (Bild 7d). Die Verbindung zwischen Anker und Pendel wird durch eine *Pendelgabel* hergestellt, die dem Pendel die Bewegung des Ankers vermittelt. Sie ermöglicht es, das Pendel selbständig aufzuhängen, so daß seine Masse nicht auf die Ankerwelle übertragen wird. Die Pendelstange muß in der Gabel mit kleinstem Spiel geführt werden. Es ist notwendig, daß der Drehpunkt des Ankers sich mit dem Drehpunkt des Pendels deckt. Sonst würde es beim Schwingen zu impulsvermindernder Reibung in der Gabel kommen.

[1]) Die Teilung liegt so oft auf dem Radkreisumfang, wie das Rad Zähne hat; $t = \frac{360°}{z}$.

Die einfachste Gabelausführung (aus Draht) sieht man auf Bild 33a. Von höherer Qualität ist die Gabel aus Messingblech (Bild 33b). Genaue Uhren haben durch einen verstellbaren Führungsstift Verbindung mit der Pendelstange (Bild 33c).

Mit Hilfe der Gabel ist es möglich, die Stellung des Ankers so der Stellung des Pendels anzugleichen, daß bei lotrechter Lage der Uhr ein gleich großer Ergänzungsbogen zu beiden Seiten der Ankerbewegung gesichert ist (Abfall). Bei der Gabel nach Bild 33a biegt man den Draht, bei der Gabel nach Bild 33b verändert man mit Hilfe der Reibkupplung die Stellung zum Anker, und bei der Gabel nach Bild 33c dreht man die Stellmuttern.

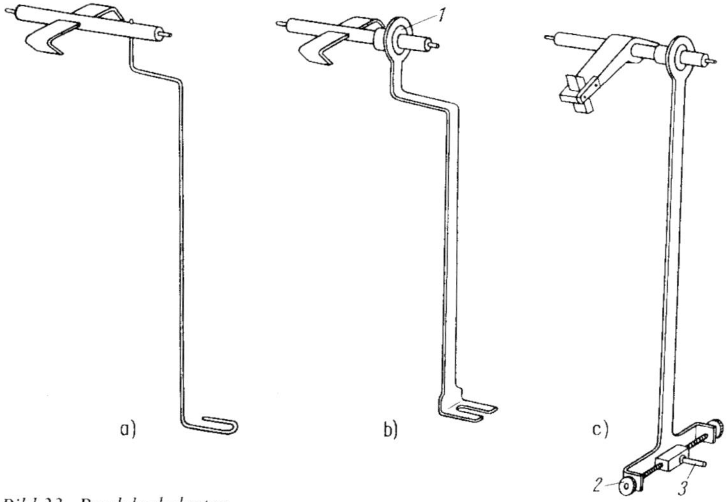

Bild 33. Pendelgabelarten

a) Drahtgabel b) Gabel aus Messingblech; c) Gabel mit verstellbarem Führungsstift
1 mittels Reibungskupplung auf der Welle drehbar; *2* Stellmutter; *3* Führungsstift

3.2. Hemmungen der Unruhuhren

Für Unruhuhren verwendet man freie Hemmungen. Nur bei einigen älteren Uhren findet man noch eine ruhereibende Hemmung (Zylinderhemmung).

Hier werden auch von diesen Konstruktionen die gebräuchlichsten behandelt: aus der Gruppe der ruhereibenden Hemmungen die Zylinderhemmung, aus der Gruppe der freien Hemmungen die Palettenankerhemmung, die Stiftankerhemmung und die Chronometerhemmung.

3.2.1. Zylinderhemmung

Die Zylinderhemmung (Bild 34) geht von den gleichen Prinzipien aus wie die Graham-Hemmung. Das Hemmungsteil (die Anschlagsperre) besteht aus einem seitlich geöffneten Stahlrohr, dem *Zylinder*, auf den die Unruh aufgepreßt ist. Die Funktion des Ankers erfüllt also ein Zylinder (Bild 35), der in eine halbe Teilung des *Zylinderrades* eingreift. Große Schwingungen im Ergänzungsbogen sind aufgrund einer besonderen Zahnform des Zylinderrades und durch Einschnitte im Zylinder möglich (Bild 36).

Der Zylinder ist fest mit der Unruh verbunden. Bei ihren Schwingungen im Ergänzungsbogen liegt der Zahn des Zylinderrades abwechselnd an der äußeren oder inneren Wand des Zylinders an. Das bedeutet, daß zwischen der Zahnspitze und dem Zylinder ständige Reibung herrscht, die einen Widerstand für die Unruhbewegung darstellt.

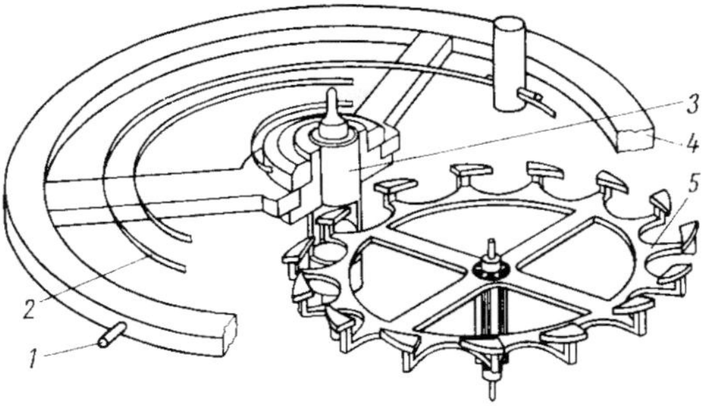

Bild 34
Zylinderhemmung
1 Sicherungsstift;
2 Spirale (angedeutet);
3 Zylinder;
4 Unruhring;
5 Zylinderrad

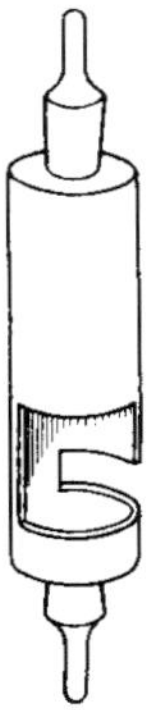

Bild 35
Zylinder mit Zapfen

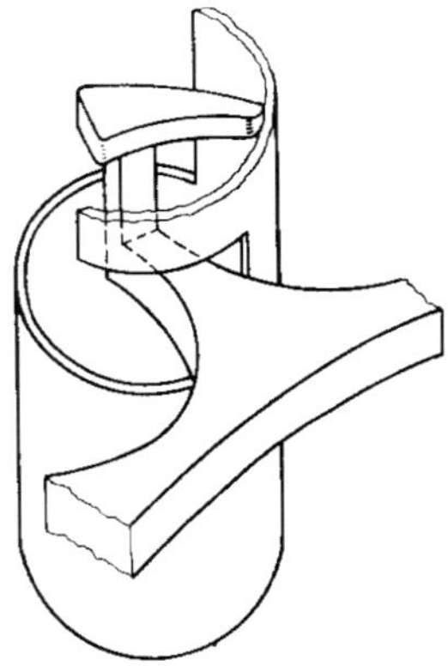

Bild 36
Eingriff des Zylinderradzahns in den Zylinder

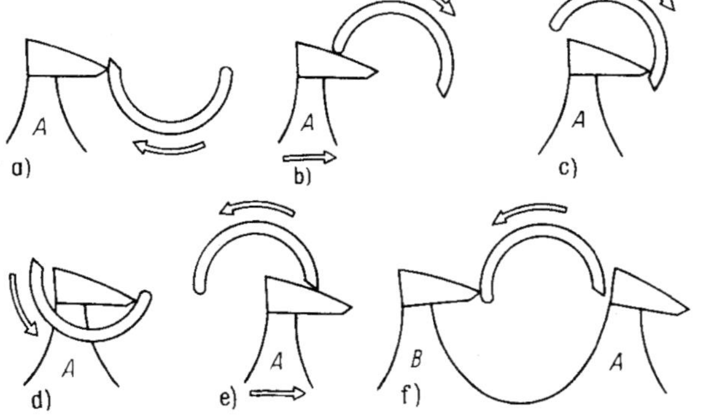

Bild 37. Funktion der Zylinderhemmung

a) rechter Umkehrpunkt der Unruh nach dem Ergänzungsbogen, es folgt die Schwingung in Richtung des Pfeils; b) Hebung (Impuls); c) nach dem Fall; d) linker Umkehrpunkt der Unruh nach dem Ergänzungsbogen, es folgt die Schwingung in Richtung des Pfeils; e) Hebung (Impuls); f) nach dem Fall (Beginn des Ergänzungsbogens)

Bild 37 zeigt die Funktion dieser Hemmung in den einzelnen Phasen. Die Unruh muß mit einer Amplitude arbeiten, die kleiner als 180° ist, damit der Zylinder nicht hinter dem Zahn des Zylinderrades einfällt. Die Uhr bliebe dann stehen. Darum ist am Unruhring ein Sicherungsstift angebracht, der die Schwingungsweite begrenzt.

Die Zylinderhemmung wurde bei einfachen Uhrentypen verwendet. Heute wird sie nicht mehr hergestellt. Die freie Stiftankerhemmung trat an ihre Stelle.

3.2.2. Palettenankerhemmung

Das Ankerrad der Palettenankerhemmung (Bild 38) besteht aus gehärtetem Stahl. Die Zähne haben eine besondere Form (Kolbenzahn), und ihre aktiven Flächen sind poliert. Die Anzahl der Zähne beträgt gewöhnlich 15.

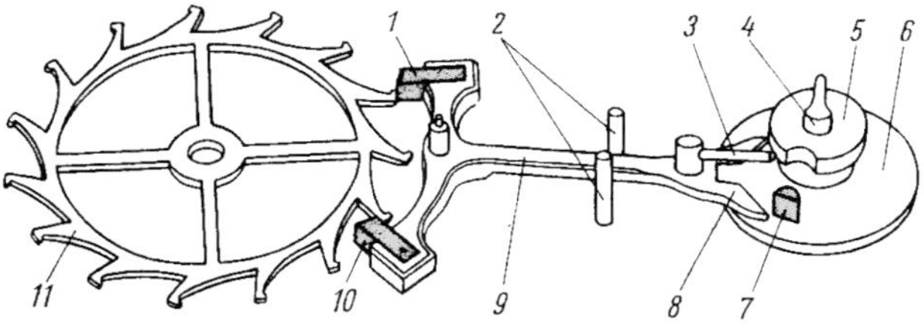

Bild 38. Palettenankerhemmung

1 Eingangspalette; *2* Ankerbegrenzungsstifte; *3* Sicherheitsstift; *4* Zapfen der Unruhwelle; *5* Sicherheitsscheibe; *6* Hebelscheibe; *7* Ellipse (*5*, *6* und *7* sind Bestandteile der Doppelscheibe); *8* Gabelhorn; *9* Gabel; *10* Ausgangspalette; *11* Ankerrad

Der Anker besteht ebenfalls aus gehärtetem Stahl, in manchen Konstruktionen auch aus Messing oder Alpaka. Um günstige Reibungsbedingungen zu erreichen, verwendet man Paletten aus synthetischem Korund (Rubin). Sie werden in die Ankerarme eingesetzt und mit Schellack befestigt. Beim Justieren der Hemmung kann man die Paletten im Anker verschieben und dadurch die Ruhe verändern. Die Hebefläche der Palettenankerhemmung liegt zum größeren Teil auf der Palette und zum kleineren Teil auf dem Ankerradzahn.

Weiterhin gehört zum Palettenanker die Gabel, die mit einem *Einschnitt*, zwei *Hörnern* und einem *Sicherheitsstift* versehen ist. Der Einschnitt ermöglicht die Verbindung der Gabel mit der Ellipse und dadurch auch mit der Unruh. Diese Verbindung besteht nicht ständig, wie das bei den rückführenden und den ruhereibenden Hemmungen der Fall ist, sondern nur zeitweilig. Nach dem Auslösen der Hemmung und der darauf folgenden Impulsgabe schwingt die Unruh frei, wobei sie dem Störeinfluß der Hemmung nicht ausgesetzt ist. Die Gabel greift nur während eines Teiles der Schwingung in die Ellipse ein. Die Ellipse ist mit Schellack in der Hebelscheibe befestigt, die zusammen mit der Sicherheitsscheibe die sog. *Doppelscheibe* bildet. Diese wird auf die Unruhwelle aufgepreßt. Die Sicherheitsscheibe hat eine Ausfräsung, die den freien Durchgang des Sicherheitsstiftes (und dadurch auch des Ankers) während des mittleren Bewegungsabschnitts der Sicherheitsscheibe erlaubt.

Der Sicherheitsstift gewährleistet im Zusammenspiel mit der Umfangsform der Sicherheitsscheibe — ebenso, wie die Gabelhörner im Zusammenspiel mit der geraden Fläche der Ellipse — die ordnungsgemäße Funktion der Hemmung auch im Augenblick eines zufälligen Stoßes oder einer Erschütterung der Uhr.

Sicherheitsstift und Sicherheitsscheibe verhindern einerseits die vorzeitige Auslösung der Hemmung während der Phase, da sich die Unruh frei bewegt, andererseits sichern sie die Lage des Ankers für den Eintritt der Ellipse in den Einschnitt der Gabel, wenn die Unruh zurückschwingt.

Die Gabelhörner erweitern zusammen mit der geraden Fläche der Ellipse die Sicherheit des Funktionsablaufs am Anfang und am Ende der freien Bewegung der Unruh, d. h. in dem Augenblick, da sich die Ellipse nicht im Gabeleinschnitt befindet und der Sicherheitsstift noch nicht wirken kann, weil er noch neben der Ausbuchtung der Sicherheitsscheibe steht.

Die Weite der Ankerbewegung wird durch Anschläge begrenzt. Am häufigsten verwendet man Ankerbegrenzungsstifte, die in die Grundplatte eingepreßt sind (Bild 38), ferner auch Ausfräsungen in der Werkplatte oder Anschlagbegrenzungen am Ankerkloben. Der Anker wird immer während der freien Bewegung der Unruh an eine der Begrenzungen angelegt. Das Anlegen wird über den Zugwinkel durch die Wirkung eines Ankerradzahnes auf die Palette, die um den Zugwinkel geneigt ist (Bild 40a), hervorgerufen.

Beschreibung der Funktion

Man geht beim Beschreiben der Funktion von den Bewegungsphasen der Unruh nach Bild 39a aus:

1. Die Unruh schwingt vom linken Umkehrpunkt (Bild 39a, Punkt *1*) zur mittleren Stellung (Bild 40a). Das Ankerrad und der Anker befinden sich in Ruhestellung. Die Ankergabel wird an den Begrenzungsstift angedrückt.
2. Die Ellipse greift in den Gabeleinschnitt (Bild 39a, Punkt *2*, und Bild 40b) ein und beginnt, die Hemmung auszulösen. Dabei führt das Ankerrad unter dem Einfluß des Zugwinkels eine winzige Rückbewegung aus. Der Zahn *A* gelangt zur Kante der Eingangspalette und ist bereit, auf die Eingangshebefläche zu gleiten (Bild 39a, Punkt *3*, und Bild 40c).
3. Die Unruh erhält einen Impuls (Bild 39a, Punkte *3* bis *4*, und Bild 40d). Der Zahn *A* des Ankerrades gleitet auf der Eingangshebefläche der Eingangspalette und dreht dabei den Anker (Drehmoment) so, daß der Impuls vom Ankerrad auf die Unruh übertragen wird.

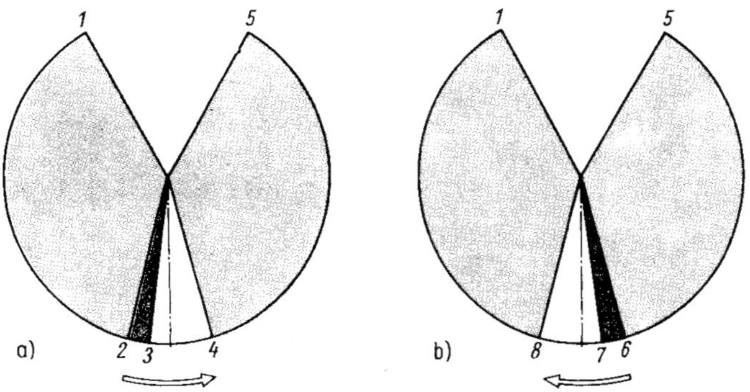

Bild 39. Schwingungsbild einer Unruh, die mit einer Palettenankerhemmung verbunden ist

a) Rechtsschwingung; b) Linksschwingung

1 bis *2*, *4* bis *5*, *5* bis *6* und *8* bis *1* freie Schwingungen, *2* bis *3* und *6* bis *7* Überwinden eines Hemmungswiderstandes bei der Auslösung (Zugwinkel); *3* bis *4* und *7* bis *8* Impulse durch die Hebungswinkel

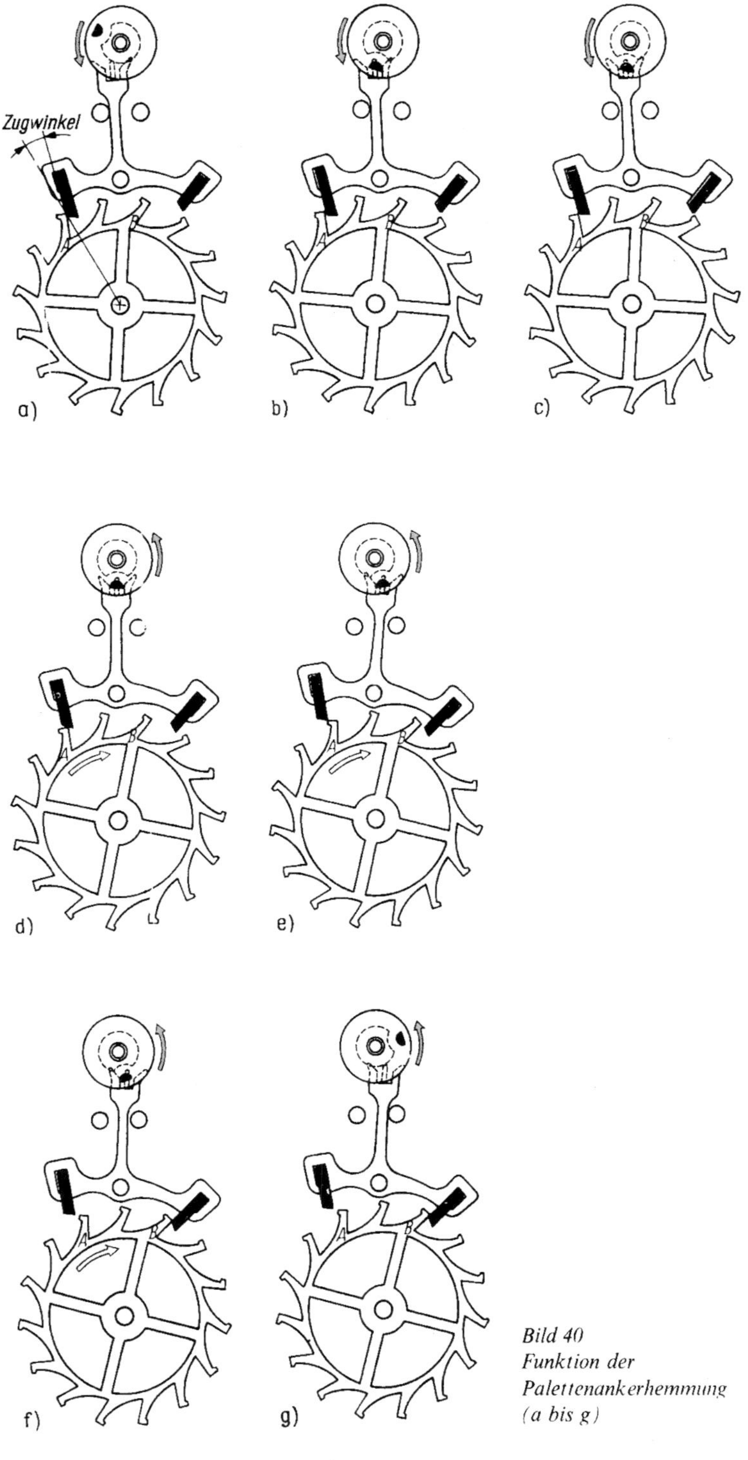

Bild 40
Funktion der Palettenankerhemmung (a bis g)

4. Der Impuls endet. Die Ellipse befindet sich noch immer im Einschnitt der Gabel (Bild 39a, Punkt *4*, und Bild 40e). Der Ankerarm mit der Ausgangspalette ist in die Bahn des Ankerrades eingeschwenkt. Das Ankerrad wird frei, und der Fall fängt an.
5. Die Unruh setzt sich von der Hemmung ab (Bild 40f). Das Ankerrad läuft den Weg des Falls, danach liegt die Ausgangspalette am Zahn *B* an.
6. Die Unruh schwingt frei zum Umkehrpunkt (Bild 39a, Punkt *5*, und Bild 40g). Der Zahn *B* drückt auf die Palette. Unter dem Einfluß des Zugwinkels legt er die Ankergabel an den Begrenzungsstift an.

Damit endet der Funktionsablauf der Hemmung während einer Halbschwingung der Unruh (von links nach rechts). Während der folgenden Halbschwingung (von rechts nach links) wiederholt sich dieser Ablauf (Bild 39b).

Bei der Palettenankerhemmung wird die Grundfunktion durch *fünf Sicherungen* geschützt[1]). Diese sind: Ruhe und Zugwinkel, Fall des Ankerrades, Nachfall des Ankers, Spiel am Sicherheitsstift und Hörnerspiel.

Die Ruhe ist der Teil der Palettenbahn, den eine Palette in die Zahnbahn des Ankerrades einschwenken muß, damit sie den Zahn nach dem Abfall sicher greift.

Der Fall des Ankerrades sichert, daß jeweils nur eine Palette in das Ankerrad eingreift. Bei der Palettenankerhemmung ist die Größe des Falls durch die Zahnspitzenbreite konstruktiv festgelegt, weil auf dieser eine Hebefläche liegt. Das Spiel wird jedoch durch die winzige Rückbewegung des Ankerrades nach der Auslösung verringert.

Der Nachfall des Ankers ist die Größe, um die sich die Palette aus der Bahn der Ankerradzähne entfernen muß, damit ein freies Durchgleiten der Zahnspitze, die gerade die Hebung beendet hat, gesichert ist (sog. „verlorener Weg"). Um die gleiche Größe bewegt sich auch die zweite Palette, so daß sie tiefer in die Bahn der Ankerradzähne einschwenkt.

Das Spiel am Sicherheitsstift ist die Entfernung zwischen dem Sicherheitsstift und der Umfangsfläche der Sicherheitsscheibe (Bild 41) während der Stellung, in der die Gabel an einen Begrenzungsstift angedrückt wird. Es sichert, daß die Unruh während ihres freien Schwingens nicht durch eine Berührung zwischen Sicherheitsstift und Sicherheitsscheibe gestört wird.

Das Hörnerspiel ist die Entfernung zwischen Hornwölbung und Ellipse (Bild 41). Es bewirkt, daß die Ellipse die Hörner vor dem Eingreifen in den Gabelausschnitt nicht berührt.

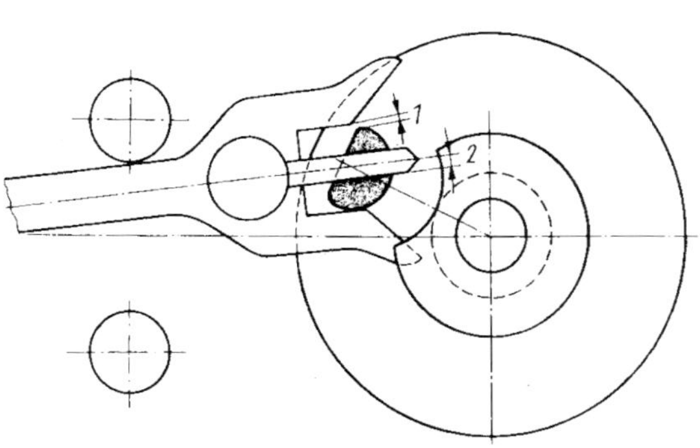

Bild 41
Spiel am Sicherheitsstift und am Gabelhorn
1 Spiel zwischen Gabelhorn und Ellipse; *2* Spiel zwischen Sicherheitsstift und Sicherheitsscheibe

[1]) Für die Grundfunktion der Hakenhemmung genügen zwei Sicherungen (Fall des Ankerrades und Schwingen im Ergänzungsbogen), für die Graham- und die Zylinderhemmung genügen drei Sicherungen (Ruhe, Fall des Ankerrades und Ergänzungsbogen).

Die Bewegung des Ankers im Nachfall- und im Ruhewinkel verläuft auf einer Bahn, deren Größe *Hemmungstiefe* genannt wird. Während dieser Bewegung muß die Unruh bei der Auslösung den Auslösungswiderstand (Zugwinkel) überwinden, der durch die Überwindung des Widerstands bei der Bewegung im Ruhewinkel noch vergrößert wird. Darum sollen Ruhe und Nachfall des Ankers so klein wie möglich sein. Trotzdem müssen die Grundbedingungen für eine sichere Funktion der Palettenankerhemmung, die man durch folgende Beziehung ausdrückt, eingehalten werden:

Ruhewinkel > Hörnerspiel > Sicherheitsstiftspiel > Nachfall des Ankers. (3)

Zufälliges Anstoßen des Sicherheitsstifts an die Sicherheitsscheibe oder der Ellipse an ein Gabelhorn kann zu einer Störung der Unruhschwingung führen. Zu vorzeitiger Auslösung der Hemmung, d. h. zu einem Aufsetzen des Zahnes auf die Hebefläche der Palette, darf es bei einem Stoß ebenfalls nicht kommen. Das verhindert man durch Wahl der richtigen Größe des Ruhewinkels nach der obengenannten Beziehung (3).

Für Palettenankerhemmungen verwendet man drei verschiedene Ankerarten: gleicharmige, ungleicharmige und halbungleicharmige Anker (Bild 42).

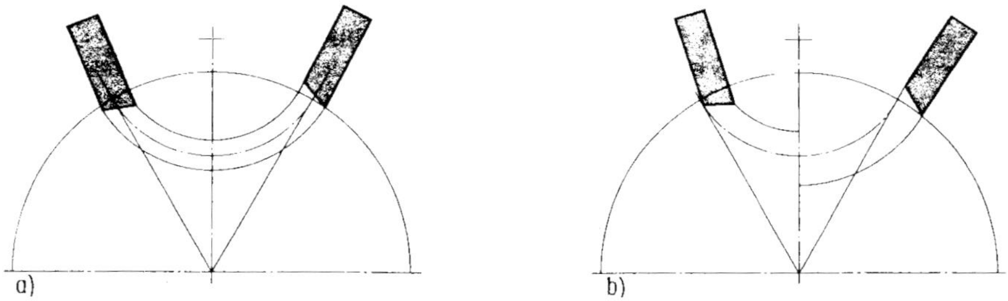

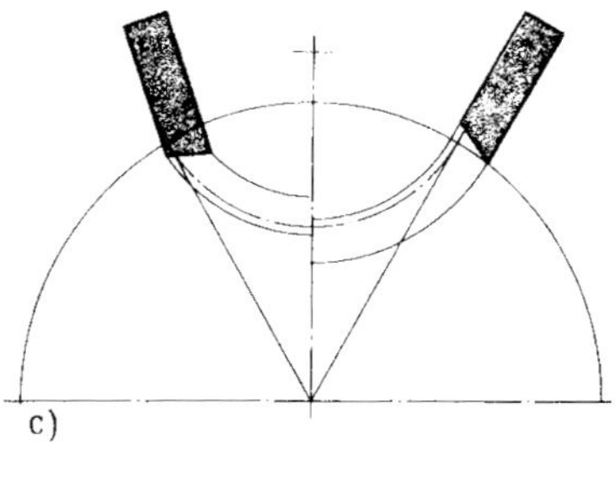

Bild 42
Ankerarten (nach dem Abstand der Paletten vom Drehpunkt)

a) gleicharmiger Anker; b) ungleicharmiger Anker; c) halbungleicharmiger Anker

Der gleicharmige Anker hat die Hebeflächenmitte beider Paletten in gleicher Entfernung vom Drehpunkt des Ankers. Der Auslösungswiderstand auf die Schwingung der Unruh ist rechts und links ungleich, da sich die Ruhefläche der Eingangspalette in größerer Entfernung vom Drehpunkt befindet als die der Ausgangspalette. Das vergrößert den Widerstand bei der Auslösung auf der Eingangsseite.

Der ungleicharmige Anker hat die Ruheflächen beider Paletten in gleicher Entfernung vom Ankerdrehpunkt, so daß der Auslösungswiderstand gegen die Schwingung der Unruh rechts und links gleich groß, jedoch die Impulswirkung der Hebung unterschiedlich ist. Der ungleicharmige Anker ist im Vergleich zum gleicharmigen günstiger; denn die unterschiedlichen Auslösungswiderstände des gleicharmigen Ankers stören den Isochronismus viel mehr als die unterschiedlichen Impulse.

Der halbungleicharmige Anker ist ein Kompromiß zwischen dem gleicharmigen und dem ungleicharmigen. Er nähert sich jedoch mehr dem ungleicharmigen Anker. Da er einen kleineren Störeinfluß auf den Isochronismus der Schwingungen hat als die anderen Arten, wird überwiegend diese Konstruktion verwendet.

Die Palettenankerhemmung wird am häufigsten für Unruhuhren eingesetzt. Man findet sie bei allen Uhren von mittlerer bis bester Qualität mit sehr genauen Werken, z. B. bei Armbandchronometern.

Tafel 7. Fehlererkennen an der Palettenankerhemmung

Wirkung	Ursache	Beseitigung
Die Ankerradzähne legen an der Eingangsseite einen anderen Fallwinkel zurück als an der Ausgangsseite.	Der Anker ist zu groß oder zu klein, bzw. die Paletten sind ungleich dick.	Es ist ein passender Anker einzusetzen, bzw. die stärkere Palette ist auszutauschen.
Die Ankerradzähne legen an der Eingangs- und der Ausgangsseite einen zu geringen Fallwinkel zurück.	Die Paletten sind zu dick, oder die Ankerradzähne sind zu breit (Hebefläche der Zähne zu lang).	Paletten ersetzen; Ankerrad ersetzen; Notbehelf: Die Ankerradzähne können an der Zahnferse dünner geschliffen und poliert werden.
Die Ankerradzähne legen an der Eingangs- und der Ausgangsseite einen zu großen Fallwinkel zurück.	Die Paletten sind zu schmal, oder die Ankerradzähne sind zu schmal (Hebefläche der Zähne zu kurz).	Paletten ersetzen; Ankerrad ersetzen. Der Fehler kann in kleinen Grenzen unberücksichtigt bleiben.
Der „verlorene Weg" des Ankers (bis zum Anliegen an den Begrenzungsstift) ist nach dem Abfallen des Ankerradzahns zu gering oder zu groß.	Der Begrenzungswinkel stimmt nicht.	Die Stellung der Begrenzungsstifte wird verändert. Sie müssen jedoch in senkrechter Stellung zum Anker bleiben.
Die Ankerradzähne fallen an der Eingangs- und Ausgangspalette zu viel oder zu knapp auf „Ruhe".	Die Paletten sind zu tief oder zu flach in den Ankerkörper eingeschoben.	Beide Paletten sind gleichzeitig in die richtige Stellung zu verschieben.
Die „Ruhe" der Ankerradzähne ist an der Eingangs- und Ausgangspalette ungleich groß, ebenso ist die Hebung ungleich.	Die Hebefläche einer Palette hat nicht den richtigen Winkel.	Es ist eine Palette mit dem richtigen Winkel der Hebefläche einzusetzen.
Der Fall des Ankerradzahns oder die „Ruhe" verändern sich ständig bei einem Umlauf des Ankerrades.	Das Ankerrad ist ungenau im Rundlauf oder in der Radzahnteilung (Herstellungsfehler).	Das Ankerrad muß erneuert werden.

Wirkung	Ursache	Beseitigung
Die Ellipse tritt nicht tief genug in den Gabeleinschnitt ein.	Die Ankergabel ist zu kurz.	Die Gabel muß am Gabelstiel gestreckt werden.
Die Ellipse stößt beim Eintritt in den Gabeleinschnitt an den Ecken an.	Die Ankergabel ist zu lang.	Die Gabel muß an den Ecken nachgeschliffen und poliert werden.
Die Ellipse klemmt im Gabeleinschnitt.	Die Ellipse ist zu breit, bzw. der Gabeleinschnitt ist zu eng.	Der Gabeleinschnitt ist auszuschleifen und zu polieren.
Die Ellipse hat im Gabeleinschnitt zu viel Spiel.	Die Ellipse ist zu schmal, bzw. der Gabeleinschnitt ist zu weit.	Es ist eine breitere Ellipse einzusetzen.
Die Ankergabel steht nach dem Fall der Ankerradzähne nicht auf beiden Seiten gleich weit von der Mittellage entfernt.	Der Gabelstiel ist in seiner Lage zum Ankerkörper verbogen.	Der Gabelstiel ist zu richten, danach werden die Begrenzungsstifte justiert.
Der Sicherheitsstift hat an beiden Seiten der Sicherheitsscheibe zu wenig Spiel, oder er klemmt.	Der Sicherheitsstift ist zu lang.	Der Sicherheitsstift muß gekürzt werden.
Der Sicherheitsstift hat an beiden Seiten der Sicherheitsscheibe zu viel Spiel oder läßt sich durchdrücken.	Der Sicherheitsstift ist zu kurz.	Der Sicherheitsstift muß durch Strecken verlängert werden, oder er wird ersetzt.
Der Sicherheitsstift streift am Einschnitt der Sicherheitsscheibe.	Der Einschnitt an der Sicherheitsscheibe ist nicht tief genug.	Der Einschnitt ist zu vertiefen.
Der Sicherheitsstift hat an beiden Seiten der Sicherheitsscheibe ungleiches Spiel.	Der Sicherheitsstift ist verbogen. Er stimmt nicht mit der Mitte des Ankergabeleinschnitts überein.	Der Sicherheitsstift muß gerichtet werden.
Die Ankerradzähne streifen am Ankerkörper.	Der Abstand zwischen Ankerradzahn und Ankerkörper ist zu gering.	Der Ankerkörper muß an der Berührungsstelle nachgeschliffen werden.
Der Gabeleingriff ist unsicher in den Lagen der Uhr. Die Gabelhörner streifen zeitweilig an der Hebelscheibe.	Ankerwelle und Unruhwelle haben zu viel Höhenspiel.	Das Höhenspiel der beiden Wellen und die Ankerhöhe sind zu berichtigen.

3.2.3. Stiftankerhemmung

Die Stiftankerhemmung ist die in der Herstellung einfachste freie Hemmung für Unruhuhren (Bild 43). Das Ankerrad besteht aus Messing; es hat gewöhnlich 15 Zähne (beim Typ „Roskopf" 18 Zähne). Der Anker mit der Gabel wird gleichfalls aus Messing hergestellt. An die Stellen der Paletten treten Ankerstifte, die aus gehärtetem Stahl bestehen. Die Hebefläche ist geteilt; der größere Teil liegt auf dem Ankerradzahn und nur ein kleiner Teil auf der Anlaufseite eines Ankerstiftes. Die Ruhefläche liegt auf dem Ankerradzahn; sie bildet einen Schenkel des Ruhewinkels.

Stiftankerhemmungen gibt es als Grundtyp (Bild 43a), in der vereinfachten Form als Typ „Roskopf" (Bild 43b) und als Weckertyp (Bild 43c). Die zuletzt genannte Konstruktion unterscheidet sich von den anderen durch die Art, wie die Ankerbewegung begrenzt wird und wie das Eingreifen der Gabel in die Unruh erfolgt.

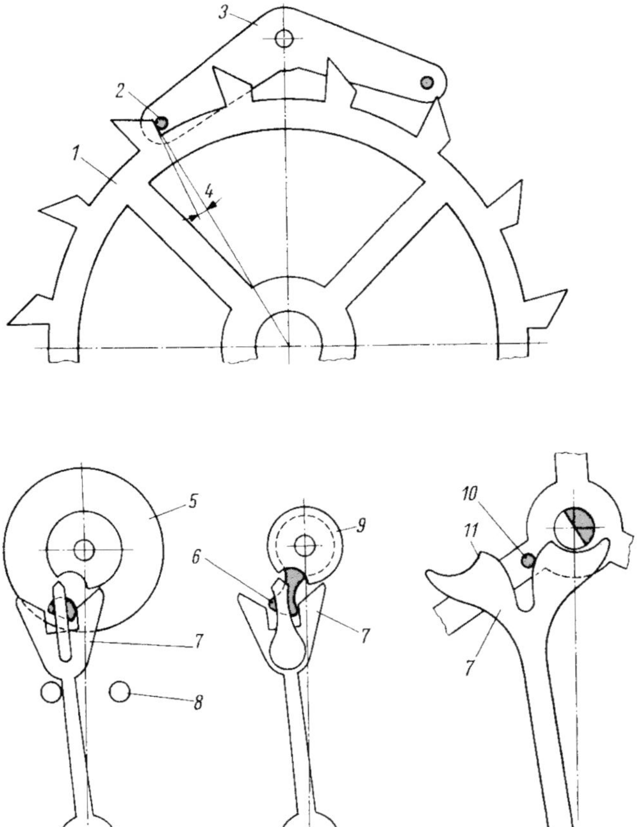

Bild 43. Stiftankerhemmung der Unruhuhren

a) Grundtyp; b) Typ „Roskopf"; c) Weckertyp

1 Stiftankerrad; *2* Ankerstift; *3* Stiftanker; *4* Ruhewinkel; *5* Doppelscheibe mit Ellipse; *6* Finger; *7* Ankergabel; *8* Ankerbegrenzungsstift; *9* Sicherheitsscheibe; *10* Hebelstift; *11* Hornwölbung

Tafel 8. Fehlererkennen an der Stiftankerhemmung

Wirkung	Ursache	Beseitigung
Die Ankerradzähne legen einen zu geringen oder einen ungleichen Fallwinkel zurück.	Die Ankerstifte sind zu dick oder verbogen.	Der Stiftanker ist zu ersetzen.
Der „verlorene Weg" des Stiftankers ist nach dem Abfallen des Ankerradzahns zu gering oder zu groß.	Der Begrenzungswinkel (bei vorhandenen Begrenzungsstiften) ist falsch.	Die Stellung der Begrenzungswinkel wird unter Beibehalten der senkrechten Stellung zum Anker verändert.
Der „verlorene Weg" des Stiftankers ist nach dem Abfallen des Ankerradzahns ungleich groß.	Bei vorhandener Begrenzung im Zahngrund sind die Ankerstifte verbogen.	Die Ankerstifte sind in senkrechte Lage zum Anker zu bringen, oder der Stiftanker ist zu ersetzen.
Die Ankerstifte fallen zu tief, zu seicht oder ungleich auf die Ruhefläche des Ankerradzahns auf.	Die Eingriffstiefe ist falsch, oder die Ankerstifte sind verbogen, bzw. die Lager sind ausgelaufen.	Der Stiftanker ist zu ersetzen, gegebenenfalls sind die ausgelaufenen Lager von Stiftanker und Ankerrad auszufüttern.
Der Fall des Ankerradzahns verändert sich ständig bei einem Umlauf des Stiftankerrades.	Das Stiftankerrad ist ungenau gearbeitet.	Das Stiftankerrad ist zu ersetzen.
Beim Einschwingen des Hebelstiftes in die Ankergabel treten Störungen auf.	Der Hebelstift am Unruhreif (Ellipse) ist verbogen oder locker.	Der Hebelstift ist senkrecht zum Unruhreif zu richten bzw. zu befestigen oder auszutauschen.
Die Ankergabel steht nach dem Fall der Ankerradzähne nicht auf beiden Seiten gleich weit von der Mittellage entfernt.	Die Gabel ist in ihrer Lage zum Stiftankerkörper verbogen, oder die Begrenzung ist ungleich.	Die Gabel ist zu richten, nachdem die Begrenzung justiert wurde, oder der Stiftanker ist zu ersetzen.
Der Stiftanker wird nach dem Abfallen des Ankerradzahns nicht sicher an die Begrenzung gedrückt. Der Zugwinkel wird nicht voll wirksam.	Das Stiftankerrad ist an der Vorderseite der Zähne zu wenig hinterschnitten.	Das Stiftankerrad ist zu ersetzen.
Die Uunruh schwingt einen zu kleinen Ergänzungsbogen.	Die Auslösung wird erschwert, weil die Ruhefläche am Ankerradzahn zu rauh ist.	Die Ruheflächen aller Ankerradzähne sind zu polieren, bzw. das Stiftankerrad ist zu ersetzen.

Fehler am Sicherheitsstift bei dem System mit der Doppelscheibe s. Tafel 7. „Fehlererkennen an der Palettenankerhemmung".

Beim Grundtyp der Stiftankerhemmung kann die Ankerbewegung nicht nur durch Begrenzungsstifte begrenzt werden, sondern auch durch eine besondere Zahnform des Ankerrades (Beispiel: UMK Modell 24, Ankerstifte treffen auf den Zahngrund auf). Der Mechanismus der Verbindung zwischen Stiftankergabel und Unruh ist wie bei der Palettenankerhemmung konstruiert.

Beim Typ „Roskopf" fehlen die Begrenzungsstifte. Die Ankerbewegung wird durch das Aufsetzen der Ankerstifte auf dem Zahngrund des Roskopfankerrades begrenzt. Der Eingriff der Roskopfankergabel in die Unruh erfolgt über Gabelhörner und Sicherheitsstift; an die Stelle der Ellipse tritt ein Finger aus Messing. Die Sicherheitsscheibe wird mit der Unruhwelle aus dem gleichen Werkstoff gedreht.

Beim Weckertyp wird die Ankerbewegung gleichfalls im Zahngrund des Stiftankerrades begrenzt. Der Eingriff der Gabel in die Unruh ist vereinfacht; er erfordert nur geringen technologischen Aufwand. Die Stiftankergabel hat keinen Sicherheitsstift; denn seine Funktion übernehmen die Hornwölbungen an den Gabelhörnern im Zusammenspiel mit der Aussparung in der Unruhwelle. An die Stelle der Ellipse tritt ein Stahlstift (Hebelstift), der in die Unruh eingepreßt wird.

Stiftankerhemmungen sind vor allem bei preisgünstigen Unruhuhren verbreitet.

3.2.4. Chronometerhemmung

Die Chronometerhemmung gehört in die Gruppe der freien Hemmungen mit direktem Antrieb (Bild 44). Sie besteht aus dem Hemmungsrad, dem Ruhestück mit Ruhestein (Ruhefeder), der Hebescheibe mit Hebestein und aus der Auslösescheibe mit Auslösestein. Die Hebe- und die Auslösescheibe sind auf die Unruhwelle aufgepreßt.

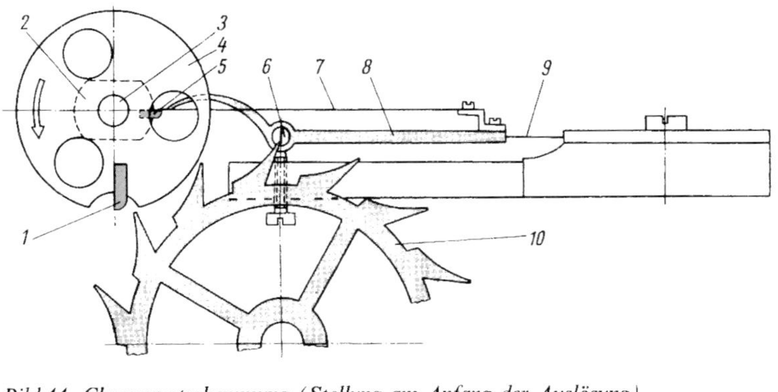

Bild 44. Chronometerhemmung (Stellung am Anfang der Auslösung)

1 Hebestein; *2* Auslösescheibe; *3* Unruhwelle; *4* Hebescheibe; *5* Auslösestein; *6* Ruhestein; *7* Auslösefeder; *8* Ruhestück; *9* Ruhefeder; *10* Hemmungsrad

Die Hemmungsradbewegung wird durch den Ruhestein begrenzt, der auf dem Ruhestück angebracht ist. Die Funktion des Ruhestücks wird durch die Auslösescheibe über die Auslösefeder (Goldfeder) gesteuert. Nach der Auslösung des Hemmungsrades fällt ein Zahn auf den Hebestein (Bild 45a), wobei die Unruh den Impuls erhält. Das Hemmungsrad dreht sich dabei um eine Teilung. Beim Rückschwingen der Unruh lenkt der Auslösestein nur die Auslösefeder aus (Bild 45b), und die Unruh setzt ihre Schwingung fort, ohne einen Impuls zu erhalten.

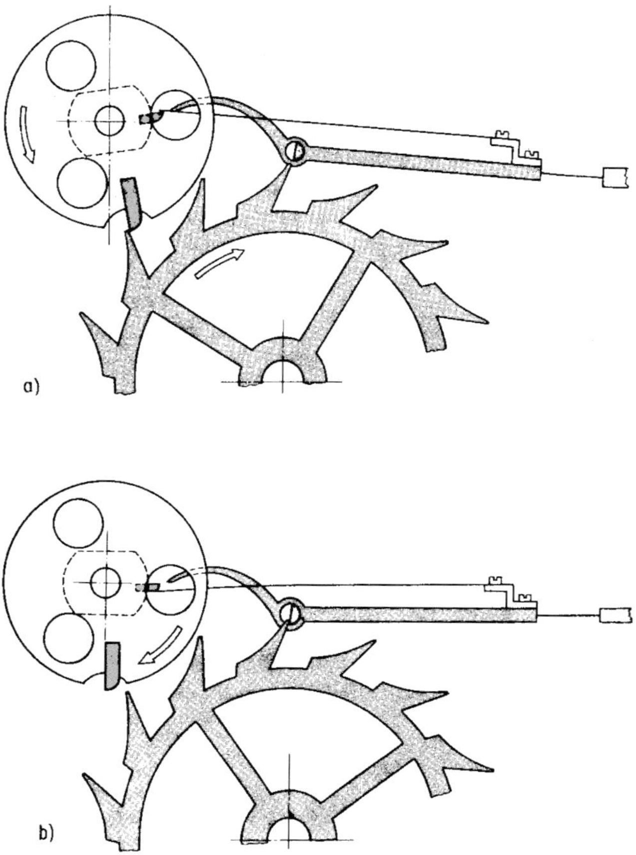

a)

b)

Bild 45. Funktionen der Chronometerhemmung

a) Stellung am Anfang der Hebung (Schwingung der Unruh von links nach rechts); b) Stellung bei der Rückschwingung

Bei der Chronometerhemmung erhält die Unruh bei jeder Schwingung einen Impuls direkt durch das Hemmungsrad, nicht durch einen Anker. Diese Konstruktion ohne Anker senkt wesentlich die Reibungsverluste im Hemmungsmechanismus.

Unter den mechanischen Uhren zeigen solche mit Chronometerhemmung ausgezeichnete Zeitmeßergebnisse, allerdings ist der Hemmungsmechanismus sehr empfindlich gegenüber Erschütterungen. Chronometerhemmungen wurden für Schiffschronometer verwendet.

4. Räderwerk

Unter dem Begriff „Räderwerk" (Zahnradgetriebe) versteht man im allgemeinen mindestens ein Paar ineinandergreifender Zahnräder. Die Räder mit einer kleineren Zähnezahl als 15 werden in der Uhrentechnik *Triebe* genannt.

Das Räderwerk hat zwei Aufgaben: Erstens überträgt es die Antriebsenergie auf die Hemmung und dadurch auch auf das Schwingsystem, zweitens addiert es durch das Zeigerwerk die Schwingungen der Unruh oder des Pendels. Beim Räderwerk (ohne Zeigerwerk) ist jedes Zahnrad ein treibendes Element, während das Trieb getrieben wird. Ein Zahnrad wird aus Messing, ein Trieb aus gehärtetem Stahl gefertigt. Gehärteter, polierter Stahl weist beim Abwälzen auf hartem Messing günstige Reibungsbedingungen auf.

Es gibt eine ganze Reihe von konstruktiven Anordnungen des Räderwerks. Man kann sie in *gebräuchliche Anordnung* und *Sonderanordnung* unterteilen.

4.1. Gebräuchliche Anordnung des Räderwerks

Die Achse des Minutenrades teilt das Räderwerk in zwei Gruppen: in die I. und II. Räderwerksgruppe (Bild 46).

Die I. Räderwerksgruppe geht von einer Umdrehung des Minutenrades je Stunde aus. Es umfaßt die Bauteile vom *Ankerradtrieb* bis zum *Minutenrad*. Das gesamte Übersetzungsverhältnis[1]) der I. Räderwerksgruppe errechnet man aus der Gleichung

$$i_{\text{I}} = \frac{k \cdot z_1}{n_{\text{h}}} \qquad (4)$$

i_{I} Übersetzungsverhältnis zwischen dem Ankerradtrieb und dem Minutenrad
n_{h} Anzahl der Schläge je Stunde
k Anzahl der Schläge je Zahn des Ankerrades (normalerweise 2)
z_1 Anzahl der Ankerradzähne.

Beispiel

Gegeben:	Anzahl der Schläge je Stunde	$n_{\text{h}} = 14400/\text{h}$
	Anzahl der Ankerradzähne	$z_1 = 15$
	Anzahl der Schläge je Zahn des Ankerrades	$k = 2$

[1]) Das Übersetzungsverhältnis oder die Übersetzung ist das Verhältnis der Zähnezahl des getriebenen Rades (des Triebes) zur Zähnezahl des Treibrades bei einem ineinandergreifenden Zahnradpaar. Das gesamte Übersetzungsverhältnis ist durch das Produkt der Übersetzungsverhältnisse der einzelnen ineinandergreifenden Zahnradpaare gegeben.

Gesucht: Übersetzung der I. Räderwerksgruppe

Lösung: $i_{\mathrm{I}} = \frac{k \cdot z_1}{n_h} = \frac{2 \cdot 15}{14400} = \underline{\underline{\frac{1}{480}}}$

Ergebnis: Bei einer Umdrehung des Minutenrades dreht sich das Ankerrad 480mal.

Die I. Räderwerksgruppe nach Bild 46 hat drei ineinandergreifende Zahnradpaare. Das gesamte Übersetzungsverhältnis ergibt sich nach Gl. (5)

$$i_{\mathrm{I}} = i_1 \cdot i_2 \cdot i_3 \quad \text{oder} \quad i_{\mathrm{I}} = \frac{z_1' \cdot z_2' \cdot z_3'}{z_2 \cdot z_3 \cdot z_4} \tag{5}$$

i_1, i_2, i_3 Übersetzungsverhältnis einzelner Zahnradpaare
z_2, z_3, z_4 Zähnezahlen der Zahnräder
z_1', z_2', z_3' Zähnezahlen der Triebe.

Beispiel

Gegeben: i_1 ergibt sich aus
Zähnezahl des Sekundenrades $z_2 = 64$
Zähnezahl des Ankerradtriebes $z_1' = 8$

$$i_1 = \frac{z_1'}{z_2} = \frac{8}{64} = \frac{1}{8};$$

i_2 ergibt sich aus
Zähnezahl des Kleinbodenrades $z_3 = 64$
Zähnezahl des Sekundenradtriebes $z_2' = 8$

$$i_2 = \frac{z_2'}{z_3} = \frac{8}{64} = \frac{1}{8};$$

i_3 ergibt sich aus
Zähnezahl des Minutenrades $z_4 = 60$
Zähnezahl des Kleinbodenradtriebes $z_3' = 8$

$$i_3 = \frac{z_3'}{z_4} = \frac{8}{60} = \frac{1}{7{,}5}$$

Gesucht: Übersetzung der I. Räderwerksgruppe

Lösung: $i_{\mathrm{I}} = i_1 \cdot i_2 \cdot i_3 = \frac{1 \cdot 1 \cdot 1}{8 \cdot 8 \cdot 7{,}5} = \underline{\underline{\frac{1}{480}}}$ oder

$$i_{\mathrm{I}} = \frac{z_1' \cdot z_2' \cdot z_3'}{z_2 \cdot z_3 \cdot z_4} = \frac{8 \cdot 8 \cdot 8}{64 \cdot 64 \cdot 60} = \underline{\underline{\frac{1}{480}}}$$

Ergebnis: Während einer Umdrehung des Minutenrades dreht sich das Ankerrad 480mal.

Bei einigen Pendelwerken werden Sekundenrad und -trieb ausgelassen (Bild 2). Das gesamte Übersetzungsverhältnis der I. Räderwerksgruppe ergibt sich in diesem Fall nur aus zwei Zahnradpaaren:

$$i_I = i_1 \cdot i_2 \quad \text{oder} \quad i_I = \frac{z_1' \cdot z_2'}{z_2 \cdot z_3} \qquad (5')$$

Die Gleichungen (4) und (5) oder (4) und (5′) werden zur Festlegung der Zähnezahlen der Räder und Triebe der I. Räderwerksgruppe verwendet.

Die II. Räderwerksgruppe bestimmt die Gangdauer der Uhr. Sie umfaßt die Bauteile vom *Federhaus*, das aus einem Stück zusammen mit der Federhaustrommel gebildet wird, bis zum *Minutenradtrieb*. Das Übersetzungsverhältnis errechnet man mit der Gleichung

$$i_{II} = \frac{n_a}{n_m'} \qquad (6)$$

i_{II} Übersetzungsverhältnis der II. Räderwerksgruppe
n_m' Drehzahl des Minutenradtriebes
n_a Drehzahl des Antriebsrades, d. h. Drehzahl der Saitenwalze (s. Abschn. 5.1.) oder Drehzahl des Federhauses (s. Abschn. 5.2. und Bild 56).

Beispiel

Gegeben: Drehzahl des Minutentriebes $n_m' = 8$
Drehzahl des Antriebsrades $n_a = 1$

Gesucht: Übersetzung der II. Räderwerksgruppe

Lösung: $i_{II} = \frac{n_a}{n_m'} = \frac{1}{8} = \underline{\underline{0{,}125}}$

Ergebnis: Bei einer Umdrehung des Antriebsrades dreht sich das Minutentrieb 8mal (es sind 8 h vergangen).

In Uhren, deren Gangdauer kurz ist, z. B. bei Ein-Tag-Uhren, greift das Antriebsrad direkt in das Minutenradtrieb ein (Bild 46), und die II. Räderwerksgruppe besteht aus *einem* Zahnradpaar. Uhrwerke mit längerer Gangdauer erhalten zwischen Antriebsrad

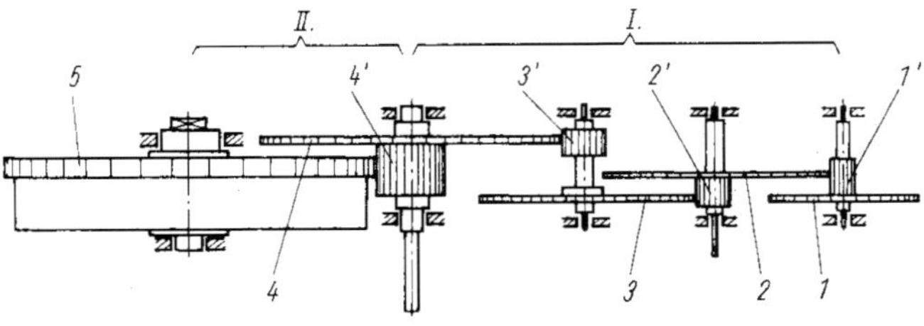

Bild 46. Gliederung des Räderwerks der Kleinuhr

I. Räderwerksgruppe
II. Räderwerksgruppe
1 Ankerrad (z_a); *1'* Ankerradtrieb (z_1'); *2* Sekundenrad (z_2); *2'* Sekundenradtrieb (z_2'); *3* Kleinbodenrad (z_3); *3'* Kleinbodenradtrieb (z_3'); *4* Minutenrad (z_4); *4'* Minutenradtrieb (z_4'); *5* Federhaus mit Trommel (z_5)

und Minutenradtrieb ein bis zwei Beisatzräder mit Trieb angeordnet, so daß die II. Räderwerksgruppe aus *zwei* bis *drei* Zahnradpaaren besteht. Dadurch wird das Übersetzungsverhältnis vergrößert und demzufolge die Gangdauer verlängert.

4.2. Sonderanordnungen des Räderwerks

4.2.1. Anordnung ohne Minutenrad

Räderwerke ohne Minutenrad kann man nicht in I. und II. Räderwerksgruppe einteilen. Bild 47 zeigt eine der verwendeten Konstruktionen, bei denen das Räderwerk keine Sekundenanzeige hat. Diese Anordnung wird bei einfachen Pendeluhren, z. B. solchen

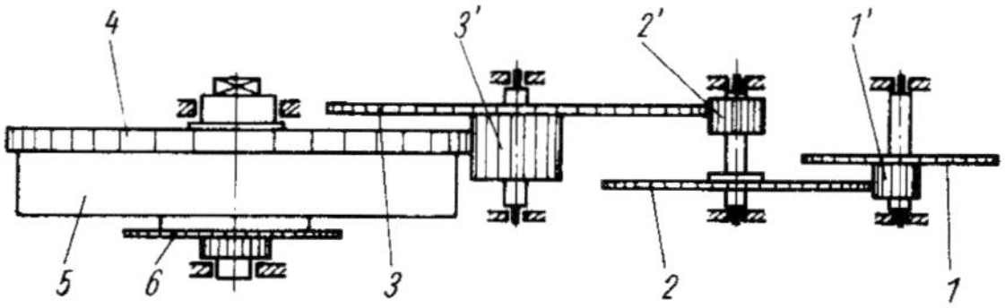

Bild 47. Räderwerk der Kleinuhr ohne Minutenrad (Typ Roskopf)

1 Roskopfankerrad (z_1); *1'* Trieb für Roskopfankerrad (z'_1); *2* Zwischenrad 1 (z_2); *2'* Zwischenradtrieb 1 (z'_2); *3* Zwischenrad 2 (z_3); *3'* Zwischenradtrieb 2 (z'_3); *4* Federhaus (z_4); *5* Federhaustrommel; *6* Federhausdeckel mit Deckelbuchse, Wechselrad und Wechselradtrieb

mit Hakenankerhemmung, und bei einigen mechanischen Kleinuhren, z. B. beim Typ „Roskopf", verwendet. Sie spart ein Zahnradpaar, so daß das gesamte Räderwerk von der Hemmung bis zum Antrieb aus nur drei Zahnradpaaren besteht. Weil das Minutenrad fehlt, wird das Getriebe für die Zeiger vom Wechselrad abgeleitet, das auf dem Federhausdeckel angebracht ist (Bild 68). Für das gesamte Übersetzungsverhältnis des Räderwerks dieses Typs gilt die Gleichung

$$i = i_1 \cdot i_2 \cdot i_3 \quad \text{oder} \quad i = \frac{z'_1 \cdot z'_2 \cdot z'_3}{z_2 \cdot z_3 \cdot z_4} \quad \text{oder}$$

$$i = \frac{k \cdot z_1 \cdot n_F}{n_h \cdot D} \tag{7}$$

k	Anzahl der Schläge der Unruh je Ankerradzahn
n_F	Windungszahl der Zugfeder
n_h	Anzahl der Schläge je Stunde
D	Gangdauer der Uhr
i_1, i_2, i_3	Übersetzungsverhältnisse einzelner Zahnradpaare
z_1	Zähnezahl des Roskopfankerrades
z_2, z_3, z_4	Zähnezahlen der Räder
z'_1, z'_2, z'_3	Zähnezahlen der Triebe (nach Bild 47).

1. Beispiel

Gegeben: i_1 ergibt sich aus

Zähnezahl des Zwischenrades *1*	$z_2 = 60$
Zähnezahl des Ankerradtriebes	$z_1' = 6$

$$i_1 = \frac{z_1'}{z_2} = \frac{6}{60} = \frac{1}{10};$$

i_2 ergibt sich aus

Zähnezahl des Zwischenrades *2*	$z_3 = 84$
Zähnezahl des Zwischenradtriebes *1*	$z_2' = 7$

$$i_2 = \frac{z_2'}{z_3} = \frac{7}{84} = \frac{1}{12};$$

i_3 ergibt sich aus

Zähnezahl des Federhauses	$z_4 = 120$
Zähnezahl des Zwischenradtriebes *2*	$z_3' = 8$

$$i_3 = \frac{z_3'}{z_4} = \frac{8}{120} = \frac{1}{15}$$

Gesucht: Gesamtübersetzungsverhältnis

Lösung: $$i = i_1 \cdot i_2 \cdot i_3 = \frac{1 \cdot 1 \cdot 1}{10 \cdot 12 \cdot 15} = \underline{\underline{\frac{1}{1800}}}$$ oder

$$i = \frac{z_1' \cdot z_2' \cdot z_3'}{z_2 \cdot z_3 \cdot z_4} = \frac{6 \cdot 7 \cdot 8}{60 \cdot 84 \cdot 120} = \underline{\underline{\frac{1}{1800}}}$$

Ergebnis: Bei einer Umdrehung des Federhauses dreht sich das Roskopfankerrad 1800mal.

2. Beispiel

Gegeben:

Anzahl der Schläge je Stunde	$n_h = 16\,200/\text{h}$
Gangdauer der Uhr	$D = 24\ \text{h}$
Anzahl der Schläge der Unruh je Ankerradzahn	$k = 2$
Zähnezahl des Roskopfankerrades	$z_1 = 18$
Windungszahl der Zugfeder	$n_F = 6$

Gesucht: Gesamtübersetzungsverhältnis

Lösung: $$i = \frac{k \cdot z_1 \cdot n_F}{n_h \cdot D} = \frac{2 \cdot 18 \cdot 6}{16\,200\ \text{h}^{-1} \cdot 24\ \text{h}} = \underline{\underline{\frac{1}{1800}}}$$

Ergebnis: Bei der gegebenen Schwingungszahl der Unruh und der Zähnezahl des Roskopfankerrades muß das Getriebe der Uhr das Gesamtübersetzungsverhältnis $\frac{1}{1800}$ haben (s. 1. Beispiel).

4.2.2. Anordnungen mit zentralem Sekundenzeiger (Zentralsekunde)

Mit zentralem Sekundenzeiger wurden viele verschiedene Konstruktionen entwickelt, die man in zwei Gruppen einteilen kann: Konstruktionen

- mit indirektem Antrieb
- mit direktem Antrieb

des Sekundenzeigers.

Konstruktion mit indirektem Antrieb

Diese Anordnung hat zwei Sekundentriebe. Eines davon ist in das Räderwerk eingegliedert, und das zweite ist im durchbohrten Minutenradtrieb in der Mitte des Werkes angebracht *(zentrales Trieb)*. Das zentrale Trieb liegt außerhalb der Kraftübertragung im Räderwerk. Es würde durch den Einfluß des Zahnspiels mit dem *Zusatzrad* zu einer unregelmäßigen Bewegung kommen. Darum beseitigt man den Einfluß des Zahnspiels durch Verwendung einer *Bremsfeder*, deren ständiger Druck das zentrale Sekundentrieb bremst. So sichert man eine regelmäßige Bewegung des zentralen Sekundenzeigers. Die Bremsfeder allerdings nimmt der Unruh einen Teil der Antriebskraft, die von der Zugfeder zugeführt wird. Infolgedessen brauchen Konstruktionen dieses Typs eine vergleichsweise größere Antriebskraft des Uhrwerks. Eine der verwendeten Konstruktionen ist auf Bild 48 dargestellt.

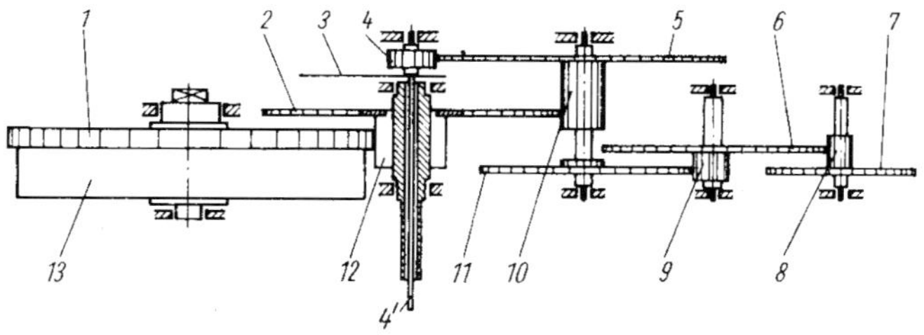

Bild 48. Zentralsekunde — Räderwerk mit indirektem Antrieb des zentralen Sekundenzeigers

1 Federhaus; *2* Minutenrad; *3* Bremsfeder; *4* zentrales Sekundentrieb (außerhalb des Kraftflusses mitlaufend); *4'* verlängerter Zapfen zur Aufnahme des Sekundenzeigers; *5* Zusatzrad; *6* Sekundenrad; *7* Ankerrad; *8* Ankerradtrieb; *9* Sekundenradtrieb; *10* Kleinbodenradtrieb; *11* Kleinbodenrad (verbunden mit *5* und *6*); *12* Minutenradtrieb (durchbohrt); *13* Federhaustrommel

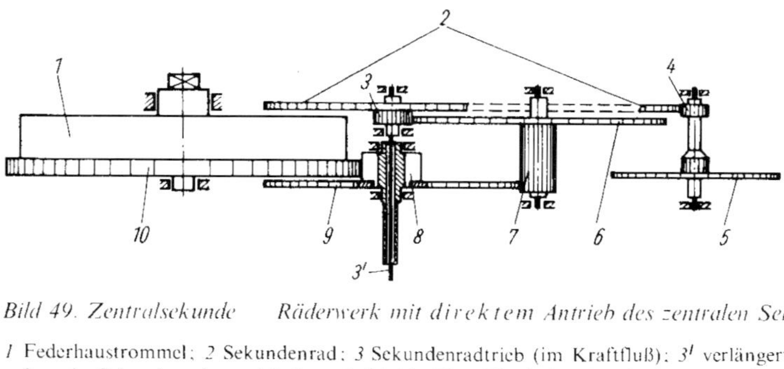

Bild 49. Zentralsekunde — Räderwerk mit direktem Antrieb des zentralen Sekundenzeigers

1 Federhaustrommel; *2* Sekundenrad; *3* Sekundenradtrieb (im Kraftfluß); *3'* verlängerter Zapfen zur Aufnahme des Sekundenzeigers; *4* Ankerradtrieb (des Eingriff zwischen *2* und *4* ist versetzt dargestellt); *5* Ankerrad; *6* Kleinbodenrad; *7* Kleinbodenradtrieb; *8* Minutenradtrieb (durchbohrt); *9* Minutenrad; *10* Federhaus

Konstruktion mit direktem Antrieb

Bei dieser Anordnung ist das zentral gelagerte Sekundenradtrieb Bestandteil des Räderwerks, so daß es die Antriebskraft (Drehmoment) von der Zugfeder auf die Unruh mit überträgt. Die Bremsfeder entfällt. Die am meisten verwendete Konstruktion zeigt Bild 49.

4.3. Form der Zähne des Räderwerks

Das Räderwerk dreht sich mit Unterbrechungen. Seine Bewegung besteht aus kleinen Sprüngen, die man beim Ankerrad sieht, beim Federhaus jedoch gar nicht mehr wahrnehmen kann. In der Zeit zwischen den kleinen Sprüngen steht das Räderwerk still. Die Form der Zähne sollte in jedem Berührungspunkt der zwei ineinandergreifenden Räder sichern, daß bei jedem Sprung des Räderwerks eine gleich große Antriebskraft (Drehmoment) übertragen wird. Diese Forderung ist außerordentlich wichtig für die Einhaltung der Amplitudenbeständigkeit (s. Abschn. 2.2.2.2.). Für die Form der Zähne könnte man *Evolventen* oder *Zykloiden* wählen.

Die Evolventenverzahnung ist für das Räderwerk einer Uhr ungünstiger, weil ein Zahnrad mit großer Zähnezahl in ein Trieb mit kleiner Zähnezahl, z. B. mit nur sechs Zähnen, eingreifen muß. Im Verlauf des Ineinandergreifens kommt es zu großen Schwankungen der übertragenen Antriebskraft; die größte Minderung tritt immer am Anfang des Eingriffs zweier Zähne auf.

Die Zykloidenverzahnung bietet für kleine Zähnezahlen des getriebenen Triebes bessere Bedingungen der Kraftübertragung als die Evolventenverzahnung, allerdings nur unter der Voraussetzung, daß die Achsabstände genau stimmen. Wenn es z. B. infolge einer Herstellungsungenauigkeit zu vergrößerten Achsabständen kommt (sog. *seichter Eingriff*), verringert sich die übertragene Kraft am Anfang des Ineinandergreifens jedes Zahnpaares. Bei Verminderung der Achsabstände (sog. *tiefer Eingriff*) entsteht eine bedeutende Vergrößerung der Antriebskraft am Ende des Eingriffs. Beides verursacht große Schwankungen der übertragenen Drehmomente.

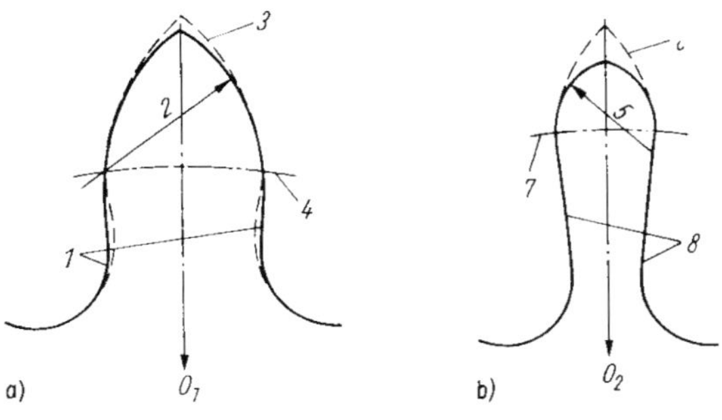

Bild 50. Korrigierte Zykloidenverzahnung

a) Zahn des antreibenden Rades; b) Zahn des getriebenen Triebes
1 Zahnflanke (zur Radmitte 0_1 gerichtet); *2* Zahnwälzung; *3* ursprüngliche Zykloidenform; *4* Teilkreis des Rades; *5* Triebzahnwälzung; *6* ursprüngliche Zykloidenform; *7* Teilkreis des Triebes; *8* Zahnflanke (zur Triebmitte 0_2 gerichtet)

Tafel 9. Fehlererkennen am Räderwerk mit Zykloidenverzahnung

Wirkung	Ursache	Beseitigung
Beim langsamen Führen des Rades mit dem in Eingriff stehenden Trieb fällt der ankommende Radzahn frei nach, sobald der eingreifende Radzahn den Triebzahn freigibt.	Es wurde ein zu kleines Trieb ausgewählt, dadurch ist die Teilung kleiner als die des Rades, und der eingreifende Triebzahn ist schneller als der ankommende Radzahn.	Die Triebgröße ist nach den gegebenen Verhältnissen genau zu berechnen. Das Trieb ist durch ein berechnetes größeres zu ersetzen.
Beim langsamen Führen des Rades mit dem in Eingriff stehenden Trieb stößt der Triebzahn zu Beginn der Führung auf die Radzahnwälzung.	Es wurde ein zu großes Trieb ausgewählt, dadurch ist die Teilung des Triebes größer als die des Rades, und der eingreifende Triebzahn ist langsamer als der ankommende Radzahn.	Die Triebgröße ist nach den gegebenen Verhältnissen genau zu berechnen. Das Trieb ist durch ein berechnetes kleineres zu ersetzen.
Die im Eingriff stehenden Rad- und Triebzähne lassen beim langsamen Führen an der Radzahnwälzung und der Triebzahnflanke ein Nachfallen spüren.	Der Achsenabstand ist zu klein. Der Eingriff ist also zu tief. Die Radzähne greifen zu tief in das Trieb ein, da die Teilkreise sich überschneiden.	Der Lagerabstand zwischen Rad und Trieb ist zu vergrößern. Der Eingriff ist flacher zu setzen.
Die im Eingriff stehenden Rad- und Triebzähne lassen beim langsamen Führen an der Radzahnwälzung und der Triebzahnflanke ein Stoßen spüren.	Der Achsenabstand ist zu groß. Der Eingriff ist also zu seicht. Die Radzähne greifen nicht tief genug in das Trieb ein, da die Teilkreise auseinandergerückt sind.	Der Lagerabstand zwischen Rad und Trieb ist zu verkleinern. Der Eingriff ist tiefer zu setzen.
Die im Eingriff stehenden Zähne und Lücken von Rad und Trieb haben zu wenig oder kein Seitenspiel, dadurch ist zeitweiliges leichtes Verklemmen möglich.	Die Rad- oder Triebzähne sind zu breit. Sie entsprechen nicht den berechneten Anteilen der gemeinsamen Teilung, dadurch ist auch die Zahnkopfhöhe zu groß.	Die Radzähne sind dünner zu wälzen (Verhältnis Zahnlücke zu Zahnbreite 1:1), gegebenenfalls ist das Trieb zu ersetzen.
Die im Eingriff stehenden Zähne und Lücken von Rad und Trieb haben zuviel Seitenspiel. Der eingreifende Triebzahn wird zu weit vor der Mittellinie erfaßt. Die dabei entstehende eingehende Reibung führt zu starken Abnutzungserscheinungen an der Triebzahnflanke.	Die Rad- oder Triebzähne sind zu schmal. Sie entsprechen nicht den berechneten Anteilen der gemeinsamen Teilung, dadurch ist auch die Zahnkopfhöhe zu klein und die Führung zu kurz.	Das Rad ist zu ersetzen, wobei auf die richtige Verteilung von Zahnbreite und Zahnlücke im Verhältnis von 1:1 zu achten ist.

Weder die Evolventen- noch die Zykloidenverzahnung entspricht darum voll den Bedingungen einer guten Kraftübertragung durch das Räderwerk. Jedoch nähert sich die Zykloidenverzahnung mehr den gestellten Forderungen.

Durch passende Korrektur der Zähne kann man die Mängel der Zykloidenverzahnung mildern und trotzdem ihre guten Eigenschaften in bedeutendem Maße beibehalten. Man nutzt z. B. die Korrektur nach den Schweizer Normen NHS 56702 und 56703, die jetzt in der Uhrenindustrie allgemein verwendet werden. Die Korrektur besteht im Senken des Zahnkopfes sowohl des Rades als auch des Triebes und im Austausch der Zykloiden, die die Wälzform der Zahnköpfe bilden, durch Kreisbögen (Bild 50). Durch diese Korrektur wird der Verlauf der übertragenen Kraft teilweise auch bei Nichteinhaltung der Achsabstände in geringen Grenzen, d. h. bei seichtem oder tiefem Eingriff, ausgeglichen. Uhren der DDR-Produktion werden mit einer Pseudozykloidenverzahnung nach UKS 1065, 1066 und 1067 gefertigt.

5. Antrieb

Der Antrieb mechanischer Uhren erfolgt aus einem Energiespeicher[1]). Quelle dieser Energie ist die Arbeit eines Menschen, der die Uhr in regelmäßigen Zeitabständen aufzieht und dabei die Energie einspeichert.

Der im Antrieb gespeicherte Energievorrat muß nicht nur zum Treiben des Uhrwerks während der sog. *Grundgangzeit* (bei Kleinuhren sind es 24 h), sondern auch für die sog. *Gangreserve* (bei Kleinuhren weitere 12 bis 24 h) reichen. Zusammen ergibt er die *Gangdauer* (bei Kleinuhren 36 bis 48 h).

Man unterscheidet zwei Grundarten von Antriebsmechanismen:

- den Gewichtsantrieb und
- den Federantrieb.

Beim Gewichtsantrieb wird die Antriebskraft durch die Gravitation hervorgerufen und beim Federantrieb durch die Federkraft.

5.1. Gewichtsantrieb

Vorteile des Gewichtsantriebs sind die immer gleich große (unveränderliche) Antriebskraft (Drehmoment) und die geringe Betriebsstöranfälligkeit. Er hat allerdings die *Nachteile*, daß man ihn nur bei ortsfesten Uhren verwenden kann und daß das Gewichtsstück für seine Bewegung entsprechenden Raum braucht.

Der Gewichtsantrieb (Bild 51 oder 52) besteht aus einem *Gewichtsstück*, einer *Saite* (oder *Kette*) und einer *Trommel* (oder einem *Kettenstern*)[2]). In guten Pendeluhren ist ein Gegengesperr eingebaut, das der Uhr während der Zeit des Aufziehens der Gewichtsstücke die Kraft zuführt, die das Weitergehen gewährleistet.

Wenn das Gewichtsstück nicht direkt an der Saite (oder Kette) aufgehängt wird, sondern an einer *Rolle*, verkürzt sich die Fallhöhe des Gewichtsstücks zwar um die Hälfte, es muß dann allerdings doppelte Masse haben (s. Bild 53).

Um die gesamte Gangdauer eines Uhrwerks zu sichern, muß man eine bestimmte Anzahl Umdrehungen der Welle des Antriebsrades zur Verfügung haben, die man aus Gln. (8) oder (8′) errechnet.

[1]) Energie ist die Fähigkeit, Arbeit zu leisten.

[2]) Die übrigen Teile, die in den Bildern 51 und 52 dargestellt sind, rechnet man nicht mehr zum Antrieb. Das Sperrad mit der Sperrklinke gehört zum Aufzug (Gesperr) und das Antriebsrad mit seinen Zähnen (Trommelrad, Kettenrad) zum Räderwerk.

$$n_a = \frac{h}{\pi(d + \delta)} \quad \text{(einfacher Antrieb)} \tag{8}$$

$$n_a' = \frac{2h'}{\pi(d + \delta)} \quad \text{(Antrieb mit Rolle)} \tag{8'}$$

n_a; n_a' Anzahl der Umdrehungen des Antriebsrades
h; h' gesamte Fallhöhe des Gewichtsstücks (zum vollständigen Ablaufen des Uhrwerks)
d Durchmesser der Trommel ohne Rille
δ Durchmesser der Saite.

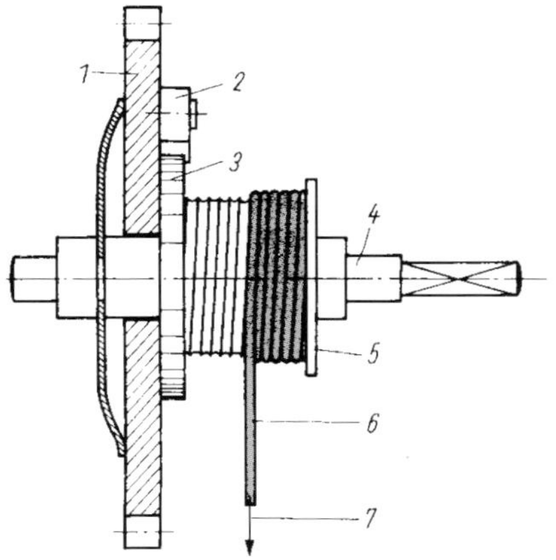

Bild 51. Gewichtsantrieb mit Trommelrad

1 Antriebsrad; *2* Sperrklinke; *3* Sperrad; *4* Welle des Antriebsrades mit Aufzugsvierkant; *5* Trommel; *6* Saite (Darm oder Plast); *7* Fallrichtung des Gewichtsstücks (Kraftrichtung)

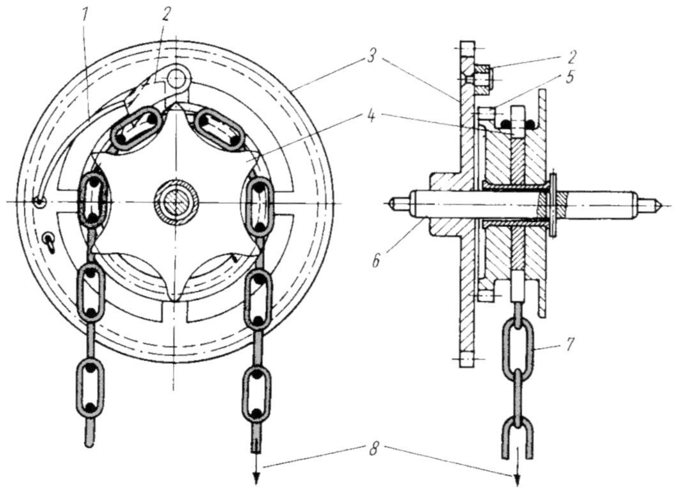

Bild 52. Gewichtsantrieb mit Kettenrad

1 Sperrfeder; *2* Sperrklinke; *3* Antriebsrad; *4* Kettenstern; *5* Sperrad; *6* Welle des Antriebsrades; *7* Kette; *8* Fallrichtung des Gewichtsstücks (Kraftrichtung)

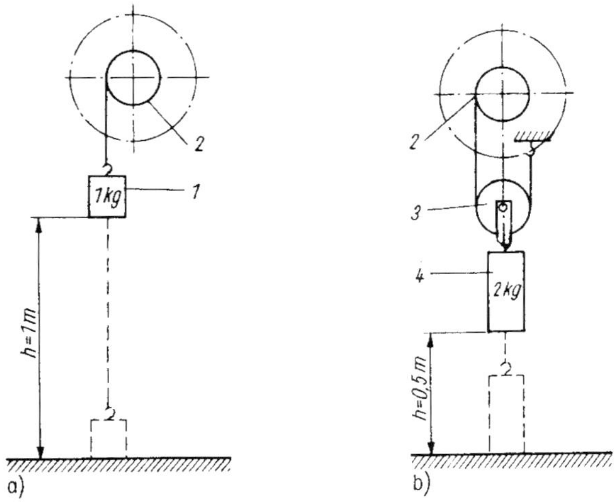

Bild 53. Schema des Gewichtsantriebs

a) einfach; b) mit Rolle
h Fallhöhe; *1* Gewichtsstück; *2* Trommel; *3* Rolle; *4* Gewichtsstück mit doppelter Masse

Beispiel

Gegeben: Fallhöhe des Gewichtsstücks $h = 800$ mm
Trommeldurchmesser $d = 15$ mm
Durchmesser der Saite $\delta = 1$ mm

Gesucht: Anzahl der Umdrehungen des Antriebsrades

Lösung: $$n_a = \frac{h}{\pi(d + \delta)} = \frac{800\ \text{mm}}{\pi(15\ \text{mm} + 1\ \text{mm})} = \frac{800\ \text{mm}}{50\ \text{mm}} = \underline{\underline{16}}$$

Ergebnis: Die Welle des Antriebsrades dreht sich beim Überwinden der gegebenen Fallhöhe des Gewichtsstücks 16mal. Mit einer Rolle ergibt sich die doppelte Anzahl, also 32mal, bzw. verringert sich bei der Nutzung von 16 Umdrehungen die Fallhöhe um die Hälfte.

Bei Qualitätsuhren wird das Gewichtsstück gewöhnlich von einer Saite (oder einem Seil) getragen, bei einfachen Uhren von einer Kette. Der Kettenstern ist nur zur Hälfte seines Umfangs mit der Kette umwickelt, so daß er eine wesentlich kleinere Breite hat als die Saitentrommel. Er wird jedoch nur bei weniger genauen Uhren verwendet, weil die Antriebskraft schwankt; denn die Kette wickelt sich infolge des Einflusses der veränderlichen Reibung der Kettenglieder an den Zähnen des Kettensterns ruckartig ab.

5.2. Federantrieb

Der Federantrieb ist das häufigste System des Antriebs für mechanische Uhren. Durch seine Einführung verkleinerte sich die Uhrengröße wesentlich. Er ermöglichte die Produktion tragbarer Uhren. Gegenüber dem Gewichtsantrieb hat er allerdings den Nachteil der veränderlichen Antriebskraft, denn sie vermindert sich beim Abwickeln der Zugfeder schrittweise (Bild 54).

Das eigentliche Antriebsorgan ist die Zugfeder. Sie besteht aus einem Federband, das spiralenförmig zusammengewickelt ist und sich beim Aufziehen auf die Federwelle aufwickelt. Durch die Wirkung der Elastizität treibt sie das Räderwerk an. Die Feder ist gewöhnlich in ein Teil des Federhauses, eine sog. *Federhaustrommel* (Bild 55), eingeschlossen. Das *äußere Ende* der Zugfeder ist entweder direkt oder mit einem *Zaum* an der inneren Wand der Federhaustrommel, die sich dreht und so das Uhrwerk antreibt, befestigt. Das innere Ende der Feder hängt an dem Haken der *Federwelle*. Diese steht während des Ganges der Uhr still. Man dreht sie nur beim Aufwickeln der Feder, d. h. beim Aufziehen der Uhr.

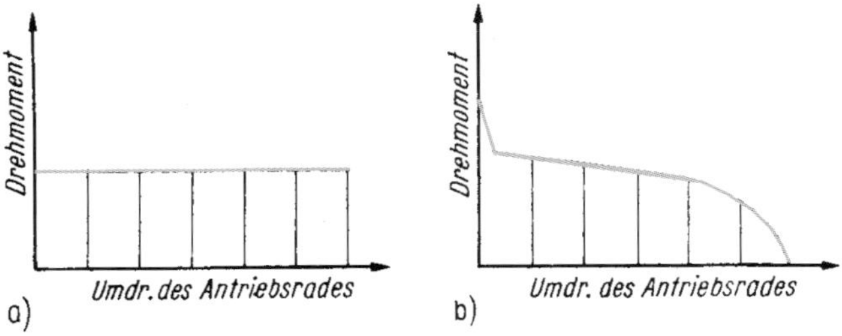

Bild 54. Verlauf der Antriebskraft
a) Gewichtsantrieb; b) Federantrieb

Bei einfachen Uhrwerken ist die Zugfeder frei untergebracht (ohne Federhaus). Ihr äußeres Ende wird am Gestell des Uhrwerks befestigt, häufig an einem Pfeiler. Das innere Ende der Zugfeder greift an der Federwelle an, die sich beim Antrieb des Uhrwerks in einer Richtung, während des Aufziehens jedoch im entgegengesetzten Sinne dreht. Diese Konstruktion ist ungünstig, weil das Uhrwerk während des Aufziehens nicht angetrieben wird.

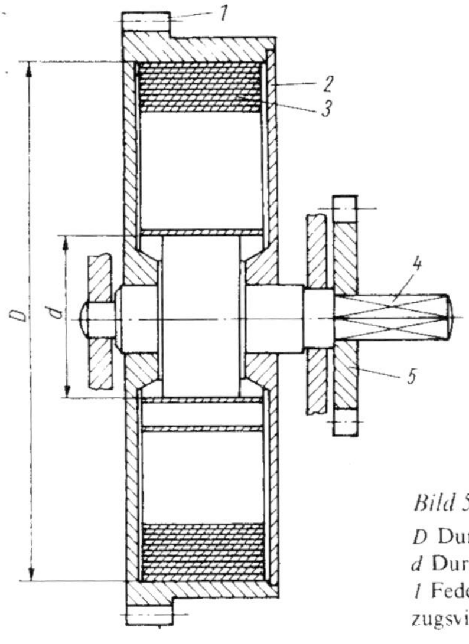

Bild 55. Federhaus
D Durchmesser der Federhaustrommel (innen);
d Durchmesser der Federwelle
1 Federrad; *2* Federhausdeckel; *3* Zugfeder (Antriebsfeder); *4* Aufzugsvierkant der Federwelle; *5* Sperrad

Die Gangdauer der Uhr hängt von der Anzahl der Federumdrehungen beim Abwickeln ab (Bild 56). Man kann sie aus folgender Gleichung errechnen:

$$n_w = z' - z'' \tag{9}$$

n_w Anzahl der Umdrehungen beim Abwickeln (wirksame Umgänge)
z' Anzahl der Federwindungen auf der Federwelle
z'' Anzahl der Windungen der im Federhaus abgewickelten Zugfeder.

Bei gegebenem Federhaus (D und d sind festgelegt) (Bild 55) gibt es für eine bestimmte Federdicke nur eine einzige Federlänge, mit der man eine maximale Anzahl Umdrehungen erreicht. Die Zugfeder hat diese günstigste Länge, wenn der *Füllzustand des Federhauses* genau 50% beträgt. Dieser Füllzustand ist dann gegeben, wenn die Zugfeder solche Dicke und Länge hat, daß die Fläche, die sie im Federhaus einnimmt, der entspricht, die sie im Federhaus nicht ausfüllt (Bild 57). Beim Über- oder Unterschreiten der günstigsten Länge vermindert sich immer die Anzahl der Federumdrehungen beim Abwickeln.

Die Anzahl der Zugfederumdrehungen kann beim Abwickeln nicht voll genutzt werden, weil das Uhrwerk infolge der Reibung stehenbleibt, wenn das Drehmoment auf den Wert $M_{d\,min}$ sinkt (Bild 56). Bis zu diesem Punkt spricht man von der *Nutzdrehzahl.* Die Größe des Drehmoments wird am meisten von der *Dicke* der Zugfeder, weniger von der *Breite* beeinflußt, während die genaue *Länge* von untergeordneter Bedeutung ist.

Hauptforderungen, die man an eine Zugfeder stellt, sind:

- geringste Veränderung des Drehmoments beim Ablaufen
- Fähigkeit, viel Energie auf kleinstem Raum zu speichern
- hoher Wirkungsgrad (wenig Verluste durch Reibung)
- lange Betriebsdauer (d. h. Widerstandsfähigkeit gegenüber Erschlaffung, Bruch und Korrosion).

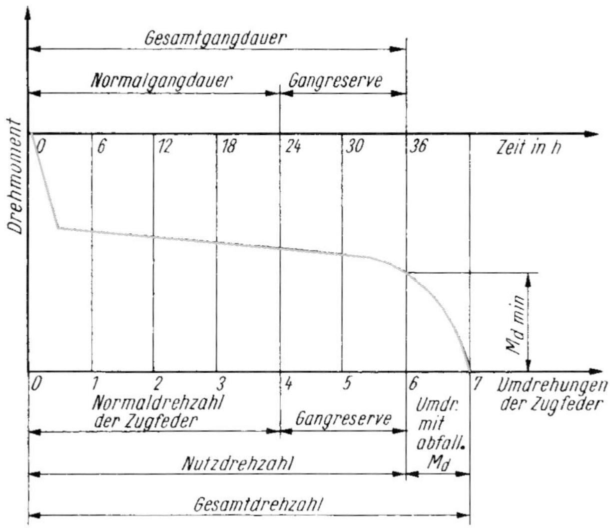

Bild 56. Diagramm des Drehmoments einer Zugfeder im Federhaus (Ein-Tage-Werk)

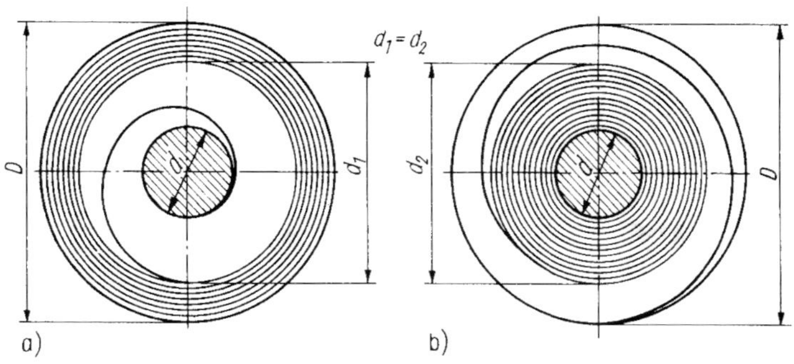

Bild 57. Füllung der Federhaustrommel zu 50% durch die Zugfeder
a) abgelaufene Zugfeder in der Federhaustrommel;
b) voll aufgezogene Zugfeder (auf der Federwelle aufgewickelt)

Es gibt eine ganze Reihe Mittel, die man anwendet, um diese Forderungen zu realisieren. Die Veränderung des Drehmoments der Zugfeder kann man vermindern, indem man nur den günstigsten Abschnitt des gesamten Abwickelns der Zugfeder nutzt, d. h. die beiden durch steilen Kurvenverlauf gekennzeichneten Endabschnitte ausschließt (Bild 58).

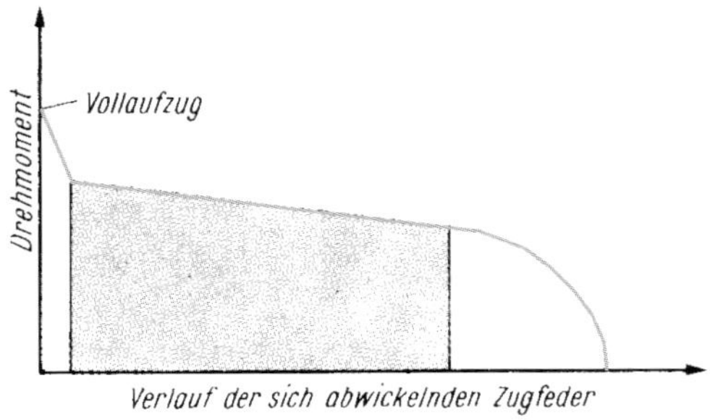

Bild 58
Diagramm des günstigsten Drehmomentabschnittes

Das *Gesperr mit Rückführung* (Bild 71), bei Kleinuhren häufig verwendet, ermöglicht eine Rückdrehung der Federwelle unmittelbar nach dem Aufziehen, wodurch es zu einer teilweisen Entspannung der Zugfeder kommt. Man beseitigt die sog. Spitze des Diagramms (Bilder 60 und 61). Der steile Abschnitt am Ende der Kurve wird nicht wirksam, wenn man die Uhr regelmäßig nach dem Ablauf der Grundgangzeit aufzieht, z. B. bei Kleinuhren alle 24 h.

Früher verwendete man zur Stabilisierung der Gangergebnisse die *Malteserkreuzstellung* (Bild 59). Sie hatte die Aufgabe, die schwächste und die stärkste Federspannung auszuschalten. Der *Stellfinger* ist auf dem Vierkant der Federwelle aufgesetzt, während das *Stellkreuz* drehbar auf dem Federhausdeckel angebracht ist. Die konkaven Zähne des Stellkreuzes gehen beim Eingreifen des Stellfingers frei durch, während der konvexe Zahn als Anschlag dient, der das Aufziehen und auch das Abwickeln der Zugfeder in den meisten Fällen auf vier Umdrehungen beschränkt. Die Malteserkreuzstellung wurde in letzter Zeit, allerdings in anderer Form, nur noch für Schiffschronometer verwendet.

Die Veränderlichkeit des Drehmoments vermindert man auch durch ein *Vergrößern der Gangreserve*, und zwar dadurch, daß man die Zugfeder verlängert. Die Kurve sinkt dann weniger steil (Bild 60). Eine Zugfeder kann man verlängern, ohne den Füllzustand des Federhauses von 50% zu überschreiten, indem man eine spezielle Legierung wählt. Dann läßt sich ihre Dicke vermindern, ohne daß sich das Drehmoment verändert; ferner läßt sich der *Füllzustand des Federhauses* über 50% vergrößern.

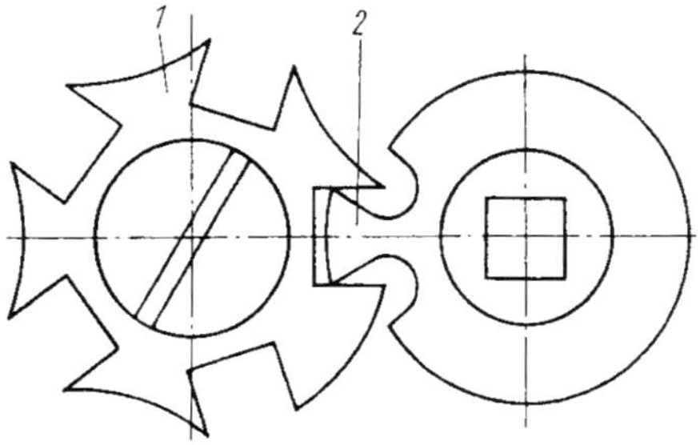

Bild 59. Malteserkreuzstellung
1 Stellkreuz; *2* Stellfinger

Durch eine geringe Verlängerung der Zugfeder, die dann statt 50% der Fläche des Federhauses 55 bis 60% füllt, verringert sich zwar ein wenig die Gesamtdrehzahl beim Abwickeln, jedoch vermindert sich dadurch auch das Absinken des Drehmoments während der Nutzdrehzahl (Bild 61).

Die Anwendung einer *Schnecke* zeigt Bild 62. Sie wurde nur noch für Schiffschronometer hergestellt. Auf die Federhaustrommel wickelt sich eine Kette (bzw. ein Bronzeband) auf, die sich von der Schnecke abwickelt. Der Halbmesser der Schnecke vergrößert sich, abgestimmt auf das sich vermindernde Drehmoment der Federhaustrommel, so daß das Uhrwerk mit fast gleichbleibender Kraft angetrieben wird.

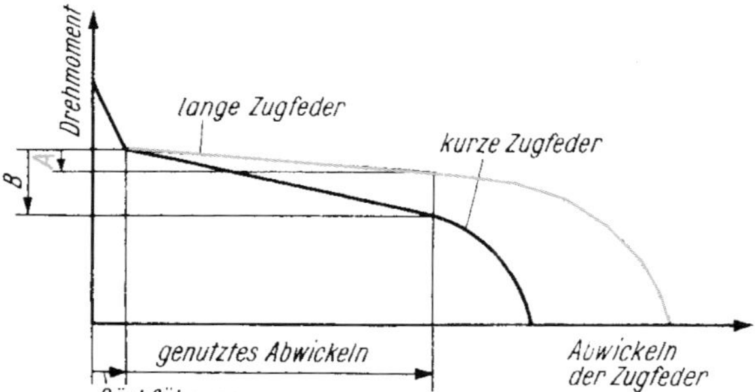

Bild 60. Vergleich der Veränderung des Drehmoments unterschiedlich langer Zugfedern während des Abwickelns
A Drehmomentabfall bei langer, *B* Drehmomentabfall bei kurzer Zugfeder

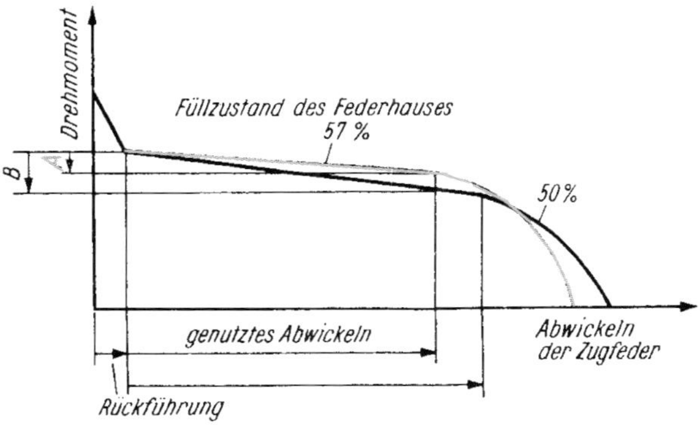

Bild 61. Vergleich der Veränderung des Drehmoments infolge unterschiedlichen Füllzustands des Federhauses
A Drehmomentabfall bei 57%, *B* Drehmomentabfall bei 50% Füllzustand und gleichem Abwickeln

Damit man die Forderung, *viel Energie auf kleinstem Raum zu speichern*, erfüllt, ist man gezwungen, die Zugfeder bis zur *Elastizitätsgrenze* zu beanspruchen. Bei ihrer Überschreitung kommt es zu einer bleibenden Formänderung. Weiche Stahlfedern, z. B. in Weckern, haben eine niedrige Elastizitätsgrenze, wodurch sie beim Betrieb in einem Uhrwerk schnell ihre ursprüngliche Form verlieren; sie bleiben mehr und mehr zusammengewickelt (Bild 63). Dadurch vermindert sich allmählich das Drehmoment.

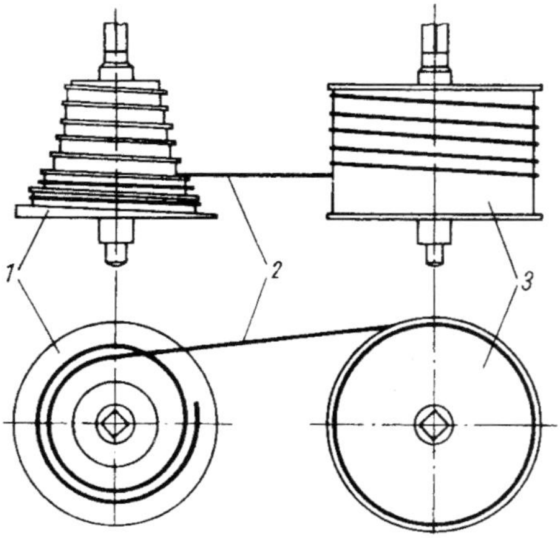

Bild 62. Schnecke

1 Schnecke mit Federrad; *2* Kette; *3* Federhaustrommel

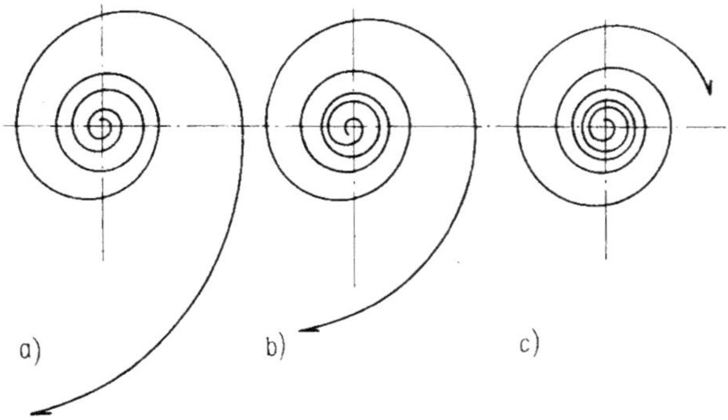

Bild 63. Fortschreitende Dauerdeformation der Antriebsfeder (Darstellung nach der Herausnahme aus der Uhr)

a) nach einem Tag Betriebsdauer; b) nach drei Tagen Betriebsdauer; c) nach zehn Tagen Betriebsdauer

Die gehärteten Stahlfedern in Kleinuhren guter Qualität haben eine hohe Elastizitätsgrenze, sie halten gut ihre ursprüngliche Spiralform, und das Drehmoment bleibt konstant. Allerdings sind gehärtete Stahlfedern bruchanfällig.

Unter dem Gesichtspunkt der Herstellung und der angewendeten Werkstoffe produziert man vier Arten von Zugfedern:

- *Herkömmliche Zugfedern* aus schwedischem Bandstahl von hoher chemischer Reinheit, mit einem Kohlenstoffgehalt von 1,1 %, werden gehärtet und erst nach dem Walzen angelassen.

- *Texturstahlfedern* werden aus einem gehärteten Stahlband mit einem Kohlenstoffgehalt von 0,9 % kaltgewalzt und nach dem Walzen nicht mehr angelassen. So erreicht man eine Faserstruktur (sog. Textur) in der Längsrichtung der Feder. Die Texturstahlfedern sind wesentlich widerstandsfähiger gegenüber Erschlaffung und Bruch als die herkömmlichen Zugfedern.
- *Zugfedern aus rostfreiem Stahl* weisen in groben Zügen die gleiche Widerstandsfähigkeit gegenüber Erschlaffung und Bruch wie Texturstahlfedern auf. Sie werden aus Chromnickelstahl hergestellt.
- *Zugfedern aus spezieller Legierung* enthalten Kobalt, Eisen, Nickel, Chrom, Beryllium und andere Zusätze. Sie werden unter verschiedenen Namen geliefert, z. B. Elgiloy, Phynox, Nivaflex. Sie sind zwar teuer, haben aber von den angeführten Arten die höchste Elastizitätsgrenze und dadurch auch die höchste Widerstandsfähigkeit gegenüber Erschlaffung und Bruch. Sie sind rostfrei und antimagnetisch. Diese modernen Uhrenfedern haben eine hohe Betriebsdauer und ein 10 bis 15 % höheres Drehmoment gegenüber den herkömmlichen Federn. Die hohe Elastizitätsgrenze der modernen Zugfedern ermöglicht es, auch ihre Form günstiger zu gestalten (sog. „S"-Form, Bild 64).

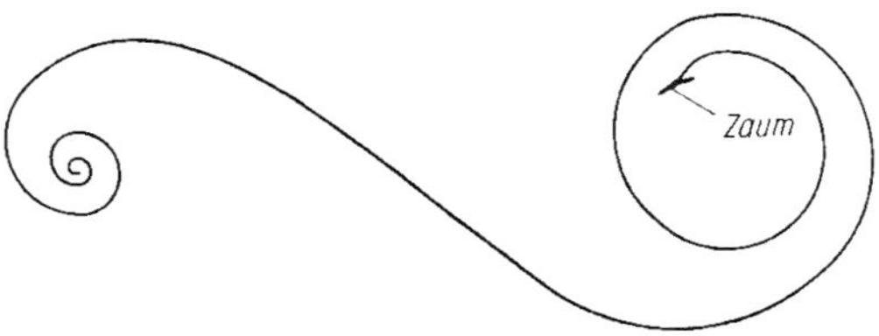

Bild 64. S-förmige Zugfeder

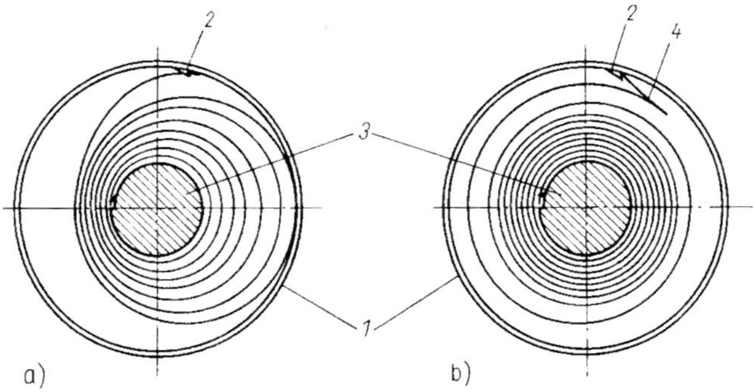

Bild 65. Abwicklung der Zugfeder im Federhaus
a) ohne Zaum; b) mit Zaum
1 Federhaus; *2* Federhaushaken; *3* Federwelle (Federkern); *4* Zaum

Einen hohen Wirkungsgrad der Zugfederkraft erreicht man durch Vermindern der Reibung. Man senkt sie durch Polieren der Feder und durch Wahl eines geeigneten Schmiermittels. Die Reibung der Feder am Federhausdeckel kann man durch ein entsprechendes Seitenspiel beseitigen, d. h., die Zugfederbreite wird geringer gewählt, als die innere Höhe der Federhaustrommel beträgt:

- bei Armbanduhren 0,05 mm
- bei Taschenuhren 0,10 mm
- bei Großuhren 0,5 bis 1 mm.

Ein wichtiges Mittel, den Federwirkungsgrad zu erhöhen, stellt die Beseitigung des unkonzentrischen Abwickelns der Feder im Federhaus dar. Man bedient sich dazu eines sog. *Zaumes* (Bild 65). Der Zaum ist ein schmales Band, das normalerweise aus dem gleichen Werkstoff wie die Zugfeder hergestellt und das am äußeren Federende angenietet oder angeschweißt wird.

6. Zeigerwerk

Das Zeigerwerk besteht aus dem *Minutenrohr*, dem *Wechselrad mit Trieb* und dem *Stundenrad*, also aus zwei Zahnradpaaren.

Der Minutenzeiger wird entweder auf dem Minutenrohr (Bild 66) oder direkt auf der verlängerten Minutenradwelle (Bild 67) befestigt. Der Stundenzeiger wird auf das Stundenradrohr aufgesetzt. Das Zeigerwerk übersetzt die Minuten in Stunden und sichert zwischen dem Minutenrohr und dem Stundenrad eine Übersetzung ins Langsame. Bei 12 Umdrehungen des Minutenrohres muß sich das Stundenrad einmal drehen. Das Gesamtübersetzungsverhältnis des Zeigerwerks beträgt unter der Voraussetzung, daß das Zifferblatt eine Zwölfstundenteilung hat, also 12:1.

$$i = \frac{z_w \cdot z_{st}}{z'_{mr} \cdot z'_w} = \frac{12}{1} \quad \text{oder} \qquad (10)$$

$$i = i_1 \cdot i_2 = \frac{12}{1}$$

z'_{mr} Zähnezahl des Minutenrohres
z_w Zähnezahl des Wechselrades
z'_w Zähnezahl des Wechselradtriebes
z_{st} Zähnezahl des Stundenrades.

Beispiel

Gegeben: i_1 ergibt sich aus
Zähnezahl des Minutenrohres $z'_{mr} = 8$
Zähnezahl des Wechselrades $z_w = 24$

$$i_1 = \frac{z_w}{z'_{mr}} = \frac{24}{8} = \underline{\underline{\frac{3}{1}}}$$

i_2 ergibt sich aus
Zähnezahl des Wechselradtriebes $z'_w = 8$
Zähnezahl des Stundenrades $z_{st} = 32$

$$i_2 = \frac{z_{st}}{z'_w} = \frac{32}{8} = \underline{\underline{\frac{4}{1}}}$$

Gesucht: Gesamtübersetzungsverhältnis

Lösung: $i = i_1 \cdot i_2 = \frac{3}{1} \cdot \frac{4}{1} = \frac{12}{1}$ oder

$$i = \frac{z_w \cdot z_{st}}{z'_{mr} \cdot z'_w} = \frac{24 \cdot 32}{8 \cdot 8} = \underline{\underline{\frac{12}{1}}}$$

Ergebnis: Nach zwölf Umdrehungen des Minutenrohres (z'_{mr}) hat sich das Stundenrad (z_{st}) erst einmal gedreht.

Gl. (10) verwendet man zur Festlegung der Zähnezahlen der einzelnen Räder und Triebe des Zeigerwerks.

Die antreibende Kraft vom Räderwerk zum Zeigerwerk wird ständig durch die Friktionskupplung (Zeigerreibung) übertragen, die zur Zeigerstellvorrichtung gehört (siehe Abschn. 7.). Wenn die Zeigerreibung auf dem Minutenradtrieb angebracht wird (bei normaler Anordnung des Räderwerks), dann wird das Minutenrohr zum antreibenden Glied (Bilder 66 und 67). Wenn man jedoch die Zeiger stellt, dann wird das Wechselrad

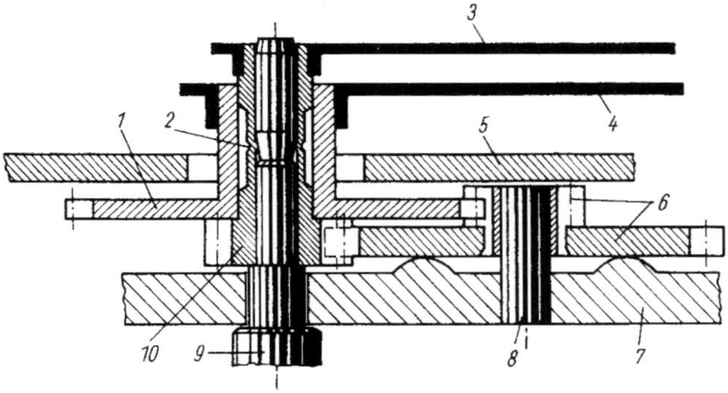

Bild 66. Zeigerwerk der Kleinuhr

1 Stundenrad mit Rohr (z_{st}); *2* Einkerbung am Minutenrohr für die Zeigerreibung (Friktionskupplung); *3* Minutenzeiger; *4* Stundenzeiger; *5* Teil des Zifferblattes; *6* Wechselrad mit Trieb (z_w, z'_w); *7* Werkplatte; *8* Wechselradstift; *9* verlängerte Welle des Minutenradtriebs; *10* Minutenrohr (z'_{mr})

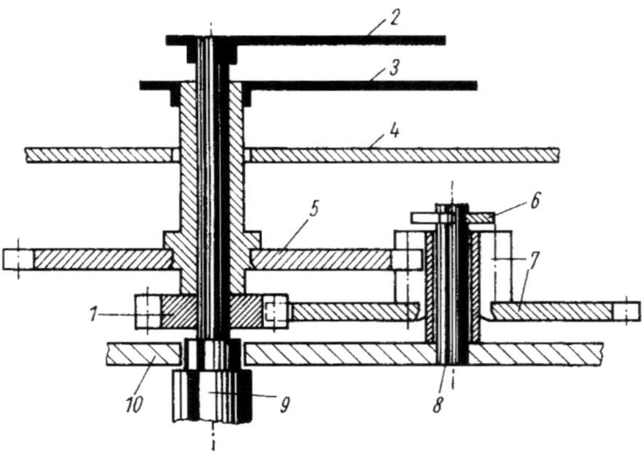

Bild 67. Zeigerwerk des Weckers

1 Zeigerwellentrieb (z'_{mr}); *2* Minutenzeiger; *3* Stundenzeiger; *4* Teil des Zifferblattes; *5* Stundenrad mit Rohr (z_{st}); *6* Splint; *7* Wechselrad mit Trieb (z_w, z'_w); *8* Wechselradstift; *9* verlängerte Welle des Minutenradtriebes; *10* Werkplatte

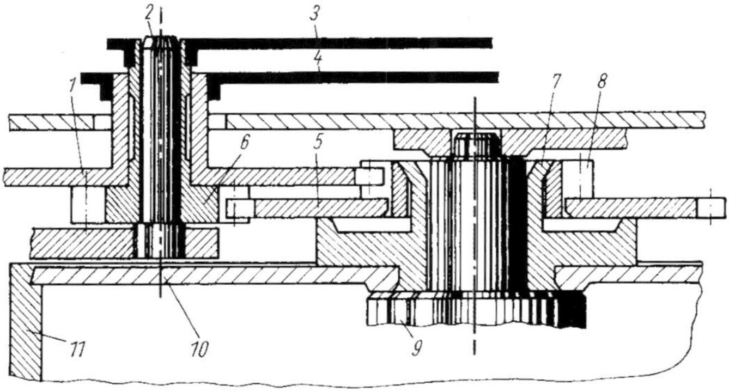

Bild 68. Zeigerwerk der Uhren vom Typ „Roskopf“

1 Stundenrad mit Rohr (z_{st}); *2* Führungsstift (in die Werkplatte genietet); *3* Minutenzeiger; *4* Stundenzeiger; *5* Wechselrad (z_w) (in Friktionskupplung mit *7*); *6* Minutenrohr (freibeweglich auf *2*); *7* Deckelbuchse; *8* Wechselradtrieb (z'_w); *9* Federwelle; *10* Federhausdeckel; *11* Federhaustrommel

zum antreibenden Glied und das Minutenrohr zum angetriebenen (Bild 73). Das ist bei der Festlegung der Zahnform des Zeigerwerks, besonders der des Zahnradpaares Minutenrohr—Wechselrad, zu beachten.

Eine etwas einfachere Situation für die Bestimmung der Zahnform des Zeigerwerks entsteht bei der Anordnung des Räderwerks ohne Minutenrad (Bild 47). Hierbei wird die Friktionskupplung auf dem Federhausdeckel untergebracht (Bild 68). In diesem Fall bleibt das Wechselrad ständig ein antreibendes Glied und das Minutenrohr ein angetriebenes, auch bei der Zeigerstellung.

7. Aufzug- und Zeigerstelleinrichtung

Der Aufzug und die Zeigerstelleinrichtung sind Baugruppen mechanischer Uhren. Diese zwei Mechanismen sind selbständig und arbeiten unabhängig voneinander. Sie werden entweder von zwei verschiedenen Stellen, z. B. bei Pendeluhren und einfachen Weckern, oder von einer gemeinsamen Stelle aus betätigt, z. B. bei Kleinuhren mit Hilfe der Krone.

Der *Aufzug* ist zur Einbringung der Energie in den Antriebsspeicher bestimmt. Seine Hauptbauelemente sind das *Sperrad* und die *Sperrklinke* (Bild 69). Sie ermöglichen die Energieeinbringung, gleichzeitig jedoch verhindern sie ihre Rückführung.

Die *Zeigerstelleinrichtung* dient zum Stellen der Zeiger auf die gewünschte Zeitangabe. Ihr Hauptbauelement ist die *Friktionskupplung*, die das Zeigerwerk mit dem Räderwerk ständig verbindet. Sie ermöglicht es, diese Verbindung während des Stellens der Zeiger zu unterbrechen.

7.1. Aufzug bei Großuhren

Bei Uhren mit Gewichtsantrieb wird die Sperrklinke auf dem Antriebsrad (Trommel- oder Kettenrad) angebracht und das Sperrad mit der Trommel oder dem Kettenstern verbunden (Bilder 51 und 52). Ähnlich ist es bei Uhren mit Federantrieb, sofern man eine freie Feder, also eine Feder ohne Federhaus, verwendet. Allerdings ist dann das Sperrad direkt mit der Federwelle verbunden. Wenn aber die Zugfeder in einem Federhaus untergebracht wird, muß die Sperrklinke an der Werkplatte angebracht werden (Bild 69).

Die Zugfeder wird von Hand mittels Uhrschlüssels aufgezogen. Der Schlüssel ist entweder abnehmbar, dann wird er auf den Vierkant der Federwelle von der Zifferblattseite aus aufgesetzt, oder er ist ständig von der Rückseite her auf die Federwelle aufgeschraubt.

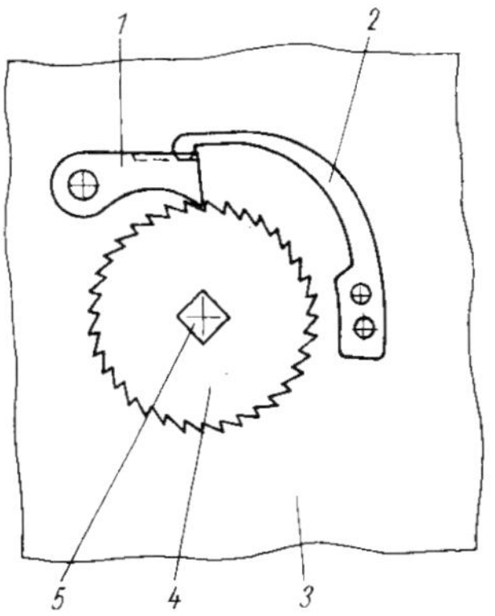

Bild 69. Gesperr der Großuhr

1 Sperrklinke; *2* Sperrfeder; *3* Werkplatte; *4* Sperrad; *5* Aufzugvierkant der Federwelle

7.2. Zeigerstellen bei Großuhren

Die Zeiger stellt man entweder von der Zifferblattseite aus, indem man sie mit dem Finger direkt dreht, oder von der Rückseite her mit dem *Stellknopf.*

Die Zeigerreibung wird bei präzisen Uhren durch ein *federndes Minutenrohr* bewirkt, das in seinem mittleren Teil durchgedrückt ist, ähnlich wie bei Kleinuhren (Bild 66). Dieses durchgedrückte Teil ruft im Kegeleinstich der Welle des Minutenradtriebes eine Reibung hervor. Der Kegeleinstich hat die Aufgabe, ständig das Minutenrohr an den Ansatz der Minutenradwelle anzudrücken und einen axialen Druck auf das Räderwerk während des Zeigerstellens zu verhindern.

Bei einfachen Uhren besteht die Zeigerreibung aus einer gewöhnlich mehrarmigen *Federscheibe* und einer *Scheibe mit Preßpassung*, die auf die Minutenradwelle aufgepreßt wird und an der die Federscheibe reibt (Bild 70).

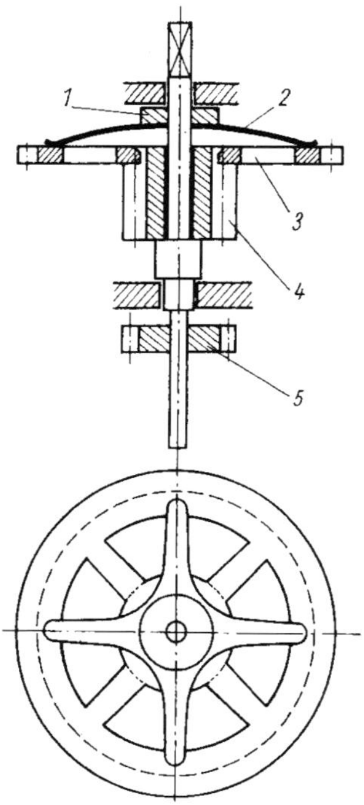

Bild 70. Friktionskupplung beim Wecker

1 Scheibe mit Preßpassung; *2* Federscheibe für Zeigerreibung; *3* Minutenrad; *4* Minutenradtrieb; *5* Zeigerwellentrieb

7.3. Aufzug und Zeigerstellen bei Kleinuhren

Bei Kleinuhren wird die Zugfeder immer in einem Federhaus untergebracht. Die Klinke muß deshalb auf der Werkplatte angebracht werden. Das Sperrad hat eine normale Verzahnung, keine Sägezähne. Die Klinke wird hier häufig mit einigen Zähnen versehen (sog. Gesperr mit Rückführung, Bild 71). Sie ermöglicht ein geringfügiges Entspannen der Zugfeder nach dem Aufziehen (s. Abschn. 5.2.). Bei einfachen Uhren wird die Klinke mit der Sperrfeder zu einem Teil verbunden (Bild 72).

Die Verzahnung der Räder des Aufzugs wird während des Aufziehens durch die auf sie einwirkende große Kraft stark beansprucht. Um eine höhere Festigkeit zu erreichen,

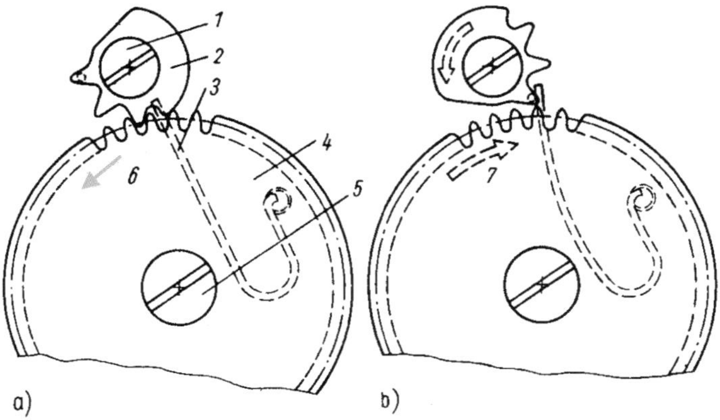

Bild 71. Gesperr mit Rückführung

a) Stellung nach dem Aufziehen (Klinke blockiert Sperrad);
b) Stellung während des Aufziehens (Klinke gleitet durch)
1 Klinkenschraube; *2* Klinke; *3* Klinkenfeder; *4* Sperrad; *5* Sperradschraube (verbindet das Rad mit der Welle); *6* Druckrichtung der gespannten Zugfeder; *7* Drehrichtung während des Aufziehens

werden die Aufzugräder aus gehärtetem Stahl hergestellt. Die Zahnbreite ist beim treibenden und beim getriebenen Rad gleich. Verluste der zu übertragenden Kraft haben keine Bedeutung. Es ist nur darauf zu achten, daß die im Eingriff stehenden Zähne nicht verkanten, so daß ein vorzeitiger Verschleiß beim Aufziehen vermieden wird.

Das Zeigerstellen wird durch die Friktionskupplung nach Bild 66 (federndes Minutenrohr) ermöglicht.

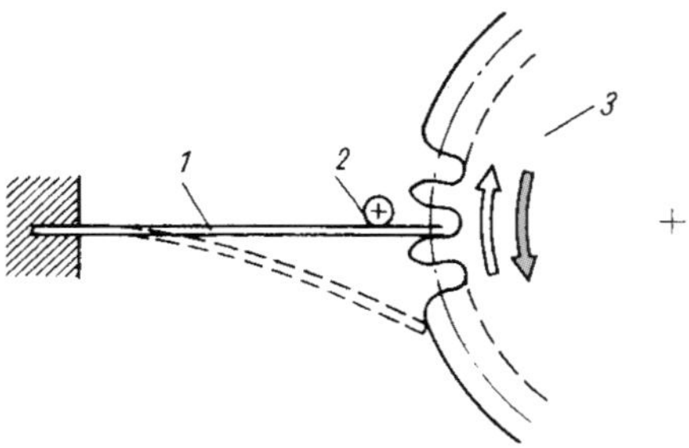

Bild 72. Sperrfeder
1 Sperrfeder mit Klinkenfunktion;
2 Stützstift; *3* Sperrad

Die Mechanismen zum Aufziehen der Feder und zum Zeigerstellen werden von einer Stelle aus über die *Krone* betätigt. Sie wird fest auf die *Aufzugwelle* aufgeschraubt. Um eine voneinander unabhängige Funktion beider Mechanismen zu sichern, kann die Krone mit der Aufzugwelle in zwei Stellungen gebracht werden. In der Grundstellung der Krone (eingeschoben) ist das Aufzugwerk angeschlossen, in der herausgezogenen Stellung der Krone ist das Zeigerstellen möglich. Der Winkelhebel ermöglicht diese Umschaltfunktion. Die Winkelhebelnase in der Nut der Aufzugwelle schaltet um und sichert die Aufzugwelle.

Man unterscheidet zwei Aufzugarten:

- *Kupplungsaufzug* (Bild 73). Der Hauptteil wird vom *Kupplungstrieb* gebildet. Es ist verschiebbar auf dem Vierkant der Aufzugwelle angebracht und hat an seinen beiden Stirnseiten eine Verzahnung, auf einer Seite in Sägezahnform und auf der anderen in normaler Ausführung. Die Sägeverzahnung ist für das Eingreifen in das Kupplungsrad bestimmt, das drehbar auf der Aufzugwelle gelagert wird. Die normale Verzahnung dient zum Stellen der Zeiger und greift in das Zeigerstellrad ein. Die Sägeform der Zähne des Kupplungstriebes ermöglicht beim Aufziehen des Vor- und Rückwärtsdrehen der Krone, ohne daß man sie aus den Fingern läßt; denn während des Rückwärtsdrehens springen die Sägezähne leer über.

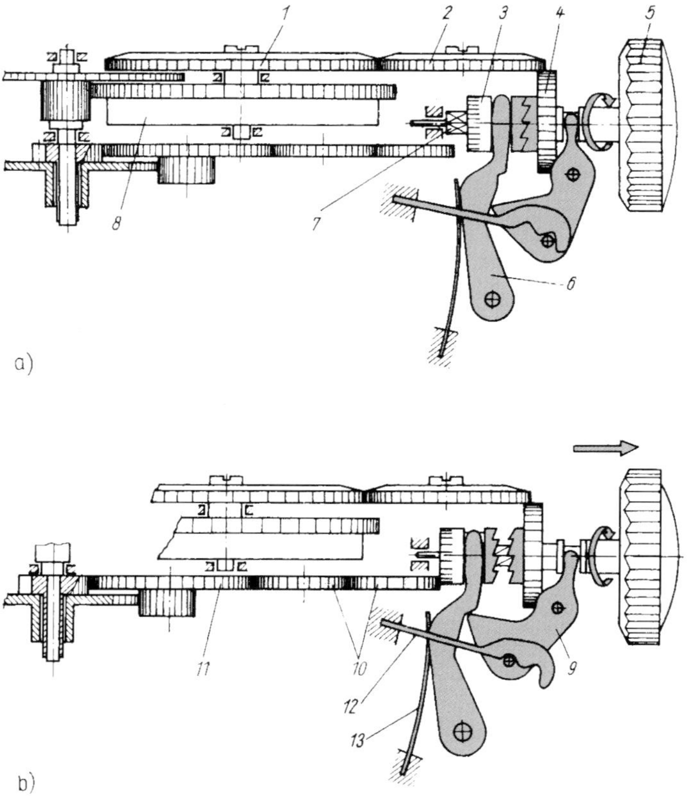

Bild 73. Kupplungsaufzug
a) Stellung beim Aufziehen; b) Stellung beim Zeigerstellen
1 Sperrad; *2* Kronrad; *3* Kupplungstrieb; *4* Kupplungsrad; *5* Krone; *6* Kupplungshebel; *7* Zapfen und Vierkant der Aufzugwelle; *8* Federhaus; *9* Winkelhebel; *10* Zeigerstellräder; *11* Wechselrad mit Trieb; *12* Winkelhebelfeder; *13* Kupplungshebelfeder

- *Wippenaufzug* (Bild 74). Die Funktion der Kupplung übernimmt eine *Wippe*, die durch ihre Räder entweder den Aufzug oder das Zeigerwerk anschließt. Auf den Vierkant der Aufzugwelle ist nur das Aufzugtrieb aufgesetzt, das in das Wippenmittenrad eingreift. Beim Rückwärtsdrehen der Krone (Leerlauf) überspringen die Zähne des Wippenaufzugrades die Zähne des Sperrades.

Der Kupplungsaufzug wird bei Uhren von mittlerer und besserer Qualität angewendet, die Wippenausführung bei einfachen Uhren.

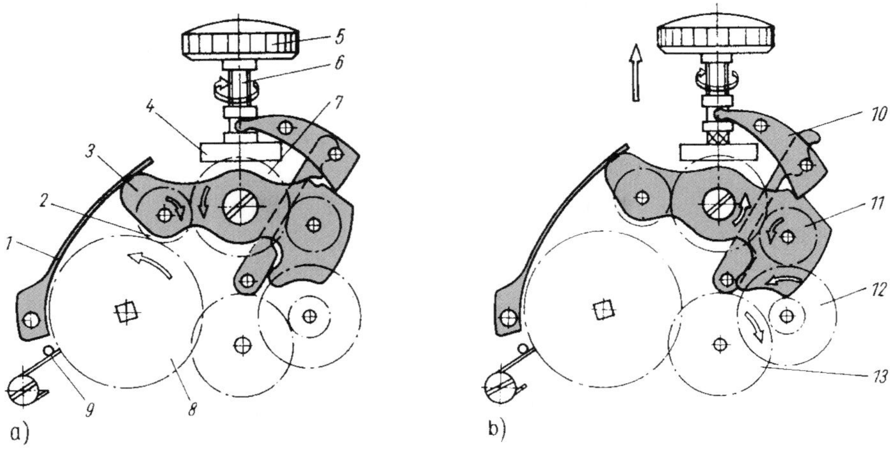

Bild 74. Wippenaufzug

a) Stellung beim Aufziehen; b) Stellung beim Zeigerstellen
1 Wippenfeder; *2* Wippenaufzugrad; *3* Wippe; *4* Aufzugtrieb mit Vierkantloch; *5* Krone; *6* Aufzugwelle; *7* Wippenmittenrad; *8* Sperrad; *9* Sperrfeder; *10* Winkelhebel; *11* Wippenzeigerstellrad; *12* Wechselrad mit Trieb; *13* Stundenrad

Der Wippenaufzug erfordert einen geringeren technischen Aufwand. Er ist jedoch geräuschvoller und unterliegt einem höheren Verschleiß.

Die Winkelhebelfeder arretiert bei beiden Aufzugarten die jeweils eingenommene Stellung der Aufzugwelle mit Krone. Dadurch wird versehentliches Umschalten von Aufzug- auf Zeigerstellung ausgeschlossen. Bei für längere Zeit herausgezogener Krone würde die Uhr stehenbleiben oder die Zeitanzeige unzuverlässig werden.

8. Werkgestell, Lager und Zapfen

8.1. Werkgestell

Die *gegenseitige Lagerung der Hauptteile* der mechanischen Uhr wird durch das *Werkgestell* gesichert, dessen Grundelemente zwei Werkplatten oder eine Werkplatte mit Brücken und Kloben bilden.

Bei Großuhren bestehen die Werkplatten aus Messing (Bild 75). Zur Sicherung des notwendigen Abstands zwischen ihnen verwendet man die *Pfeiler*. Die Verbindung der Pfeiler mit den Werkplatten (Bild 76) muß wenigstens auf einer Seite demontierbar sein, damit man das Uhrwerk zerlegen kann.

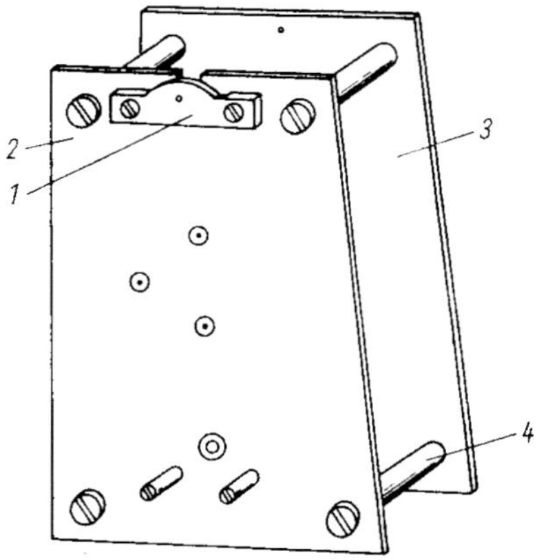

Bild 75. Werkgestell der Pendeluhr

1 Ankerbrücke; *2* hintere Werkplatte; *3* vordere Werkplatte (Zifferblattseite); *4* Pfeiler mit Schraube zum Lösen der hinteren Werkplatte

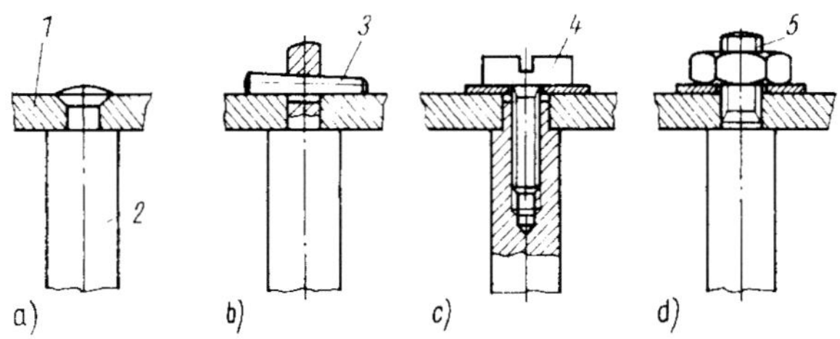

Bild 76. Befestigungsarten der Werkplatte

a) nichtlösbare Verbindung (vernietet); b), c), d) lösbare Verbindungen
1 Werkplatte; *2* Pfeiler; *3* Vorsteckstift; *4* Schraubverbindung (Halteschraube); *5* Schraubverbindung (Pfeilergewinde mit Mutter)

Für Kleinuhren von mittlerer und besserer Qualität verwendet man keine Pfeiler, weil bei einer Verschiebung oder Schrägstellung während der Montage die Lager in den Platten nicht genau einander gegenüberliegen. Die Werkplatte (Grundplatte) und auch die Brücken und Kloben[1]) bestehen aus dicken (massiven) Messingblechen, die unmittelbar aufeinandersitzen. Ihre gegenseitige Lage wird durch Paßstifte und Schrauben gesichert (Bild 78). Der Raum zwischen ihnen (notwendig für einzelne bewegliche Werkteile) wird direkt aus dem Werkplatten-, Kloben- oder Brückenwerkstoff ausgefräst oder ausgedreht.

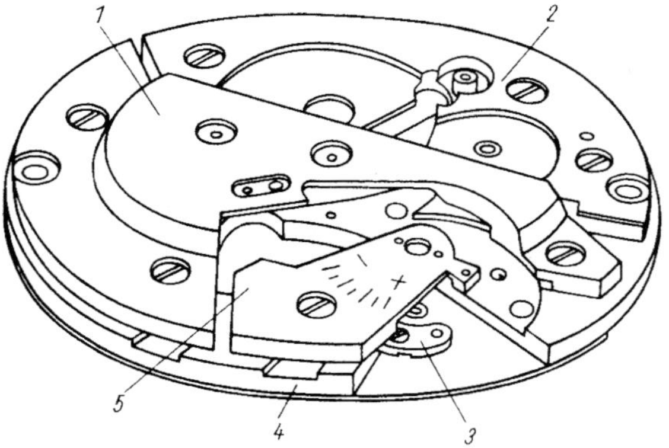

Bild 77. Werkgestell der Kleinuhr

1 Räderwerkbrücke; *2* Federhausbrücke; *3* Ankerkloben; *4* Werkplatte; *5* Unruhkloben

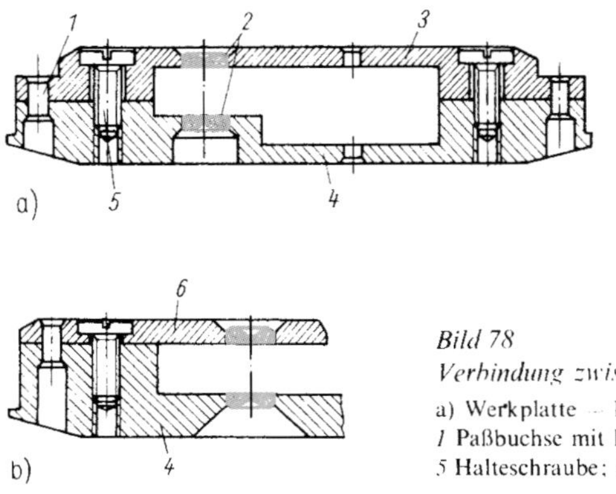

Bild 78

Verbindung zwischen den Teilen des Werkgestells

a) Werkplatte – Brücke; b) Werkplatte – Kloben

1 Paßbuchse mit Preßstift; *2* Lagersteine; *3* Brücke; *4* Werkplatte; *5* Halteschraube; *6* Kloben

8.2. Lager und Zapfen

Lager und Zapfen müssen so beschaffen sein, daß die Drehbewegung der Wellen und Räder mit nur geringsten Verlusten (hohem Wirkungsgrad) verläuft. In Uhren werden fast ausschließlich Gleitlager verwendet.

[1]) Unter Brücken werden Teile verstanden, bei denen die Lagerstellen zwischen den Auflageflächen liegen. Kloben sind die Teile, bei denen die Lagerstellen am freien Ende liegen.

Zapfen werden aus gehärtetem, poliertem Stahl hergestellt. Um die Reibung auf ein Minimum herabzusetzen, verwendet man in der Uhrenherstellung für Gleitlager hartes Messing. Die hochwertigen Zapfenlager bestehen aus synthetischem Korund (Rubin oder Saphir).

Für die Lagerung von Wellen oder Rädern gibt es zwei Arten (Bild 79), die in der Uhrentechnik wie folgt ausgeführt werden:

- Bei der *zweiseitigen Lagerung* drehen sich die Zapfen in Lagern, die im Werkgestell angebracht sind.
- Bei der *einseitigen Lagerung* ist das Lager direkt in einem rotierenden Teil untergebracht, während der Zapfen fest im Werkgestell sitzt. Diese Ausführung ist weniger gut als die zweiseitige (schlechtere Führung, größere Reibungsverluste).

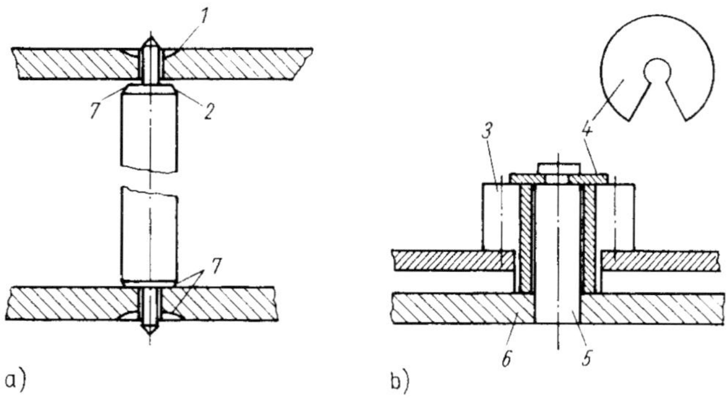

Bild 79. Lagerung der Räder auf Wellen
a) zweiseitige Lagerung; b) einseitige Lagerung
1 Ölsenkung; *2* abgeschrägte Kante (Fase); *3* durchbohrter Triebkörper; *4* Sicherungsscheibe; *5* feststehender Zapfen; *6* Werkplatte; *7* Öl

Um die Reibung zwischen Lager und Zapfen zu senken, verwendet man Spezialuhrenöl, das gleichzeitig auch den Verschleiß mindert. Damit Öl für eine längere Funktionszeit vorhanden ist, muß an der Schmierstelle eine kleine Vorratseinrichtung hergestellt werden. Sie besteht aus der Ölsenkung und der abgeschrägten Kante des Wellbaums am Trieb (Bild 79). Bedingt durch die Kapillarität, zieht sich das Öl in die spitzen Winkel und bildet *Ölkeile* (Ölkammern), die das Verbleiben an der Schmierstelle begünstigen.

Besondere Aufmerksamkeit verlangt die Lagerung der Unruhwelle (Bild 80). Der Durchmesser ihrer Zapfen muß so klein wie möglich sein, damit die Reibungsverluste gering sind und die Bewegung des Schwingsystems wenig beeinflußt wird. Der Zapfen hat eine besondere Form. Der zylindrische Teil geht in eine Erweiterung (sog. Trompete) über, wodurch eine größere Bruchwiderstandsfähigkeit erreicht wird. Um die Zapfenreibung möglichst klein zu halten, wird die Bohrung im Stein ausgerundet (oliviert).

Die Zapfenstirn wird abgeflacht und mit abgerundeten Kanten hergestellt. Damit gleicht man annähernd die Zapfenreibung zwischen den horizontalen und vertikalen Lagen der Unruhwelle aus. Der Raum zwischen dem Deckstein und der bombierten Fläche des Lochsteins bildet eine Ölkammer. Nur bei einfachen Uhren verwendet man die Körnerlagerung der Unruh.

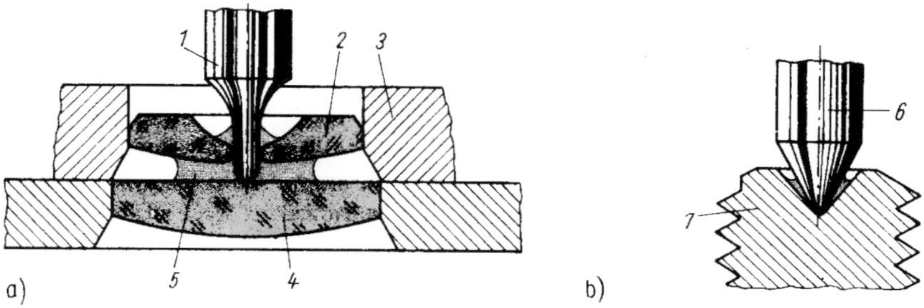

Bild 80. Lagerung der Unruhwelle

a) Zapfenlagerung; b) Körnerlagerung

1 Unruhwelle mit Trompetenzapfen; *2* bombierter Lochstein mit oliviertem Loch; *3* Werkplatte; *4* Deckstein; *5* Öl (Ölkammer); *6* Unruhwelle mit Körnerspitze; *7* Körnerschraube

8.3. Stoßsicherung

Unruhwellenzapfen müssen den kleinsten Durchmesser haben. Weil Armbanduhren beim Tragen vielen Stößen ausgesetzt werden, bei denen gerade die Unruhwellenzapfen am meisten gefährdet sind, verwendet man für ihre Lagerung *Stoßsicherungssysteme*.

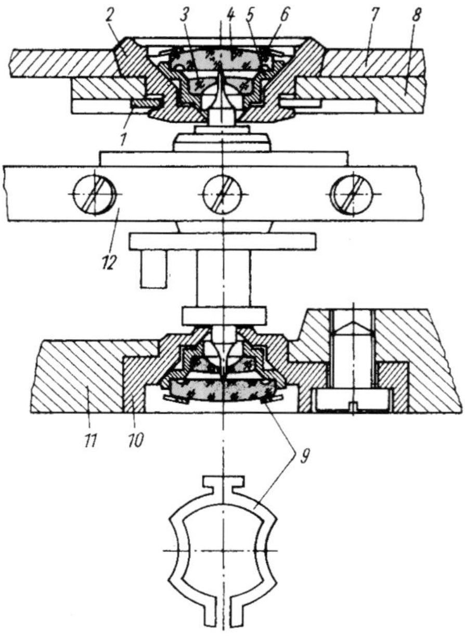

Bild 81. Stoßsicherungssystem „Incabloc"

1 Gabel; *2* obere Lagerschale (Brückenseite); *3* Lochstein, bombiert, oliviertes Loch, für Unruh; *4* Deckstein mit Ölfangrille; *5* Steinfutter; *6* Decksteinfeder; *7* Rücker; *8* Unruhkloben; *9* Decksteinfeder; *10* untere Lagerschale (Zifferblattseite); *11* Werkplatte; *12* Unruh

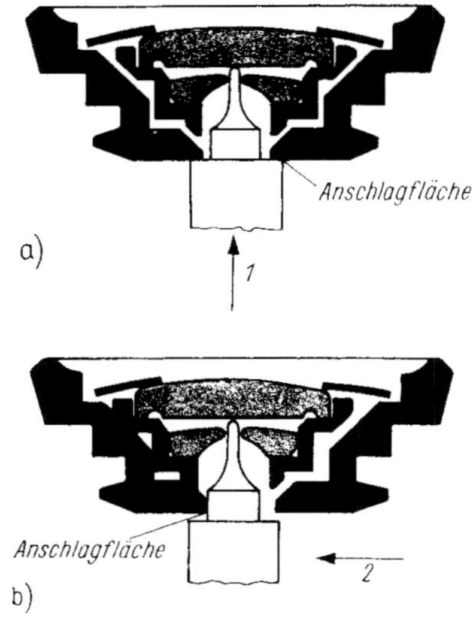

Bild 82. Funktion des Stoßsicherungssystems „Incabloc"

a) Welle liegt stirnseitig an der Anschlagfläche
b) Wellenansatz liegt seitlich an der Anschlagfläche
1 Richtung des axialen Stoßes; *2* Richtung des radialen Stoßes

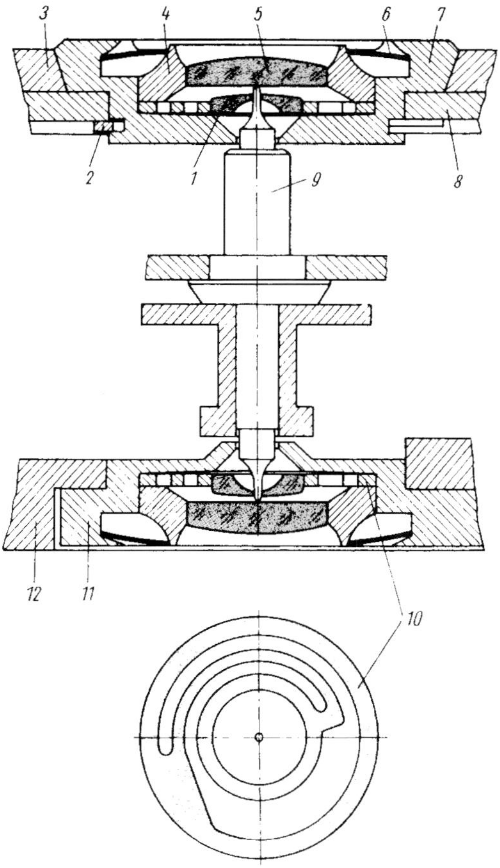

Bild 83. Stoßsicherungssystem „Super-Shock-Resist"

1 Lochstein, bombiert, oliviertes Loch, für Unruh; *2* Gabel; *3* Rücker; *4* Steinfutter; *5* Deckstein; *6* Decksteinfeder, oben; *7* obere Lagerschale (Brückenseite); *8* Unruhkloben; *9* Unruhwelle; *10* spiralförmige Haltefeder; *11* untere Lagerschale (Zifferblattseite); *12* Werkplatte

Bei den häufig verwendeten Konstruktionen muß eine Stoßsicherung während ihrer Funktion zwei Aufgaben erfüllen:

- Sie soll das Nachgeben der Unruh in Richtung des Stoßes ermöglichen, bis der stärkere Teil der Welle an der entsprechenden Anschlagfläche der Fassung anliegt.
- Nach Abfangen des Stoßes durch die Anschlagfläche muß sie die Unruh in ihre ursprüngliche Lage zurückbringen (Zentrieren).

Es gibt eine ganze Reihe von Stoßsicherungskonstruktionen. Wir beschreiben hier drei von ihnen:

- Auf Bild 81 wird das am meisten verwendete Stoßsicherungssystem „Incabloc“ dargestellt. Das Ausweichen der Unruh in Richtung des Stoßes wird durch ein bewegliches Steinfutter ermöglicht. Das Zurückbringen in die ursprüngliche Lage besorgt durch ihren Druck die Haltefeder (Decksteinfeder). Die Zentrierung des Steinfutters wird durch seine kegeligen Anschlagflächen gesichert. Bild 82 stellt die Funktion dieser Stoßsicherung dar.
- Auf Bild 83 sieht man das Stoßsicherungssystem „Super-Shock-Resist“. Bei axialem Stoß ermöglicht ein bewegliches Steinfutter das Ausweichen der Unruh. Das Zurückbringen in die ursprüngliche Lage wird durch die Haltefeder gesichert. Bei radialem Stoß ermöglicht eine spiralförmige Haltefeder, in der der Lochstein sitzt, das Ausweichen der Unruh. Diese Feder sichert gleichfalls das Zurückbringen der Unruh, nachdem die Anschlagfläche des Steinfutters den Stoß abgefangen hat.
- Auf Bild 84 ist das Stoßsicherungssystem „Junghans“ dargestellt. Die Funktion bei axialem Stoß ist die gleiche wie bei der vorher beschriebenen Stoßsicherung. Bei radialem Stoß biegen sich die langen elastischen Zapfen durch, bis der Unruhwellenansatz an der Anschlagfläche anliegt. Nach Abfangen des Stoßes kehrt die Unruh aufgrund der Elastizität der Zapfen wieder in ihre ursprüngliche Lage zurück.

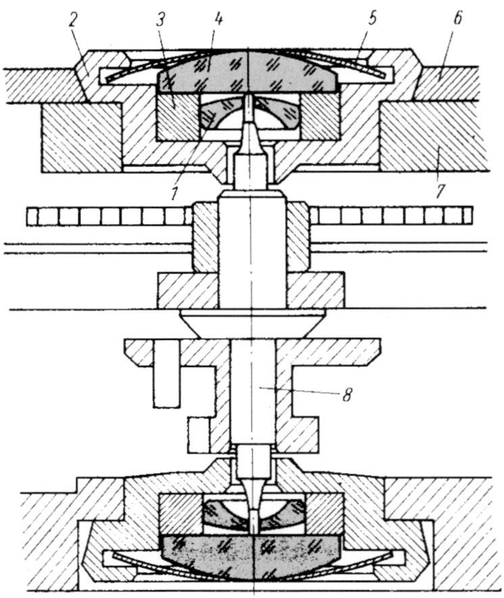

Bild 84. Stoßsicherungssystem „Junghans“

1 Lochstein, bombiert, oliviertes Loch, für Unruh; *2* obere Lagerschale (Brückenseite); *3* Steinfutter; *4* Deckstein; *5* Decksteinfeder, oben; *6* Rücker; *7* Unruhkloben; *8* Unruhwelle

9. Schlagwerk (Rechenschlagwerk)

Das Schlagwerk ist eine Zusatzeinrichtung des Uhrwerks mechanischer Uhren, die der Zeitangabe durch Klangzeichen dient.

Ein Schlagwerk besteht aus einem *Klangkörper* (Gong), dem *Antrieb* und dem *Räderwerk* sowie der *Auslöseeinrichtung* (Bild 85). Der Antrieb erfolgt durch Gewichtsstück oder Antriebsfeder wie beim Uhrwerk (s. Abschn. 5.).

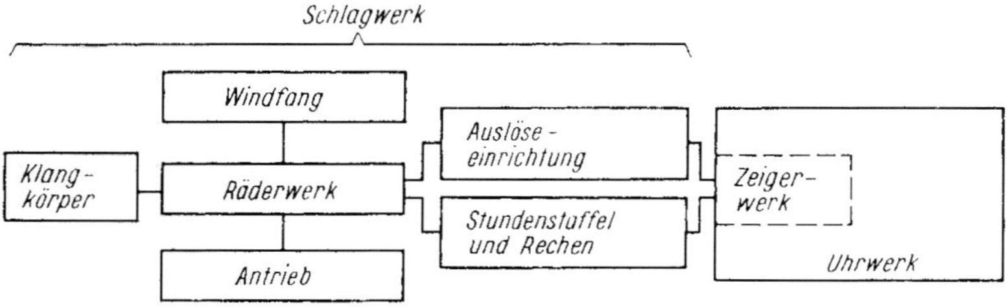

Bild 85. Schema eines Schlagwerks

Das Räderwerk überträgt die Energie vom Antrieb auf den Windfang als Geschwindigkeitsregler, den Schöpfer, die Auslöseeinrichtung und den Klangkörper. Es besteht aus dem *Antriebsrad*, dem *Beisatzrad*, dem *Hebnägelrad* (Hammerheberad), dem *Schöpferrad*, dem *Anlaufrad* und dem *Windfang*. Bei den Ein-Tag-Uhren fällt das Beisatzrad weg. Das Übersetzungsverhältnis zwischen dem Antriebsrad und dem Hebnägeltrieb wird durch folgende Gleichung gegeben:

$$i = \frac{n_a \cdot k}{D \cdot n_s} \qquad (11)$$

i Übersetzungsverhältnis zwischen Antriebsrad und Hebnägeltrieb
D gesamte in Tagen ausgedrückte Gangdauer des Schlagwerks
n_s gesamte Anzahl der Schläge des Schlagwerks je Tag
(bei Uhren, die volle und halbe Stunden schlagen, sind es 180 Schläge)
n_a genutzte Anzahl der Umdrehungen des Antriebsrades
(s. Abschn. 5.2. und Bild 56)
k Anzahl der Hebnägelstifte.

Beispiel

Gegeben:	Gangdauer des Schlagwerks	$D = 1\,d$
	Anzahl der Schläge je Tag	$n_s = 180/d$
	genutzte Anzahl der Umdrehungen des Antriebsrades	$n_a = 4{,}5$
	Anzahl der Hebnägelstifte	$k = 10$

Gesucht: Übersetzungsverhältnis zwischen Antriebsrad und Hebnägeltrieb

Lösung: $i = \frac{n_a \cdot k}{D \cdot n_s} = \frac{4{,}5 \cdot 10}{1 \cdot 180} = \underline{\underline{\frac{1}{4}}}$

Ergebnis: Bei einer Umdrehung des Antriebsrades dreht sich das Hebnägelrad 4mal. $4 \cdot 4{,}5 \cdot 10 = 180$mal ertönt der Gong innerhalb 24 h.

Für das Übersetzungsverhältnis zwischen dem Hebnägelrad und dem Trieb des Schöpferrades gilt folgende Gleichung:

$$\boxed{i = \frac{p}{k}} \tag{12}$$

k Anzahl der Hebnägelstifte
p Anzahl der Schöpferstifte (gewöhnlich 1).

Beispiel

Gegeben: Anzahl der Hebnägelstifte $k = 10$
Anzahl der Schöpferstifte $p = 1$

Gesucht: Übersetzungsverhältnis zwischen Hebnägelrad und Trieb des Schöpferrades

Lösung: $i = \frac{p}{k} = \underline{\underline{\frac{1}{10}}}$

Ergebnis: Bei einer Umdrehung des Hebnägelrades dreht sich das Schöpferrad 10mal.

Das Übersetzungsverhältnis zwischen dem Schöpferrad und dem Windfangtrieb wählt man 1:60 bis 1:100, je nach der konstruktiven Windfangausführung. Die Gliederung dieses Getriebes in zwei Teilgetriebe (Schöpferrad – Anlauftrieb, Anlaufrad – Windfangtrieb) kann beliebig sein. Allerdings muß das Teilübersetzungsverhältnis zwischen dem Schöpferrad und dem Anlauftrieb immer ganzzahlig sein, damit nach jedem Schlag des Schlagwerks die gleiche Stellung des Anlaufstifts gegenüber dem Auslösehebel gesichert ist.

Der Geschwindigkeitsregler regelt die Geschwindigkeit der Schlagfolge. Normalerweise ist er als *Windfang* konstruiert. Die Windfangdrehzahl hängt von seinen Maßen, besonders von seinem Außendurchmesser, und vom Drehmoment ab, das auf ihn übertragen wird.

Der Rechen und die *Stundenstaffel* dienen zur Bestimmung der Anzahl der Schläge, die das Schlagwerk nach jeder Auslösung ausüben muß. Sie werden vom Schöpfer mit dem Stift gesteuert.

Die Auslöseeinrichtung bringt das Schlagwerk in Gang und hält es an. Sie besteht aus zwei *Auslösenocken*, die auf dem Zeigerwellentrieb oder dem Minutenrohr des Uhrwerks angebracht sind, dem *Auslösehebel*, dem *Einfallhebel* und dem *Anlaufstift*, der sich auf dem Anlaufrad des Räderwerks befindet. Zwischen dem Schlag- und dem Uhrwerk gibt es zwei Verbindungen. Die erste ist die des Auslösewerks mit dem Zeigerwellentrieb. Die zweite bildet die Verbindung der Stundenstaffel mit dem Stundenrad.

Es gibt eine ganze Reihe von Schlagwerkkonstruktionen, die die vollen, halben und Viertelstunden und wahlweise auch Minuten schlagen. Die Funktion wird an einem Werk neuerer Konstruktion (nach Bild 86) demonstriert, das die vollen und die halben Stunden schlägt.

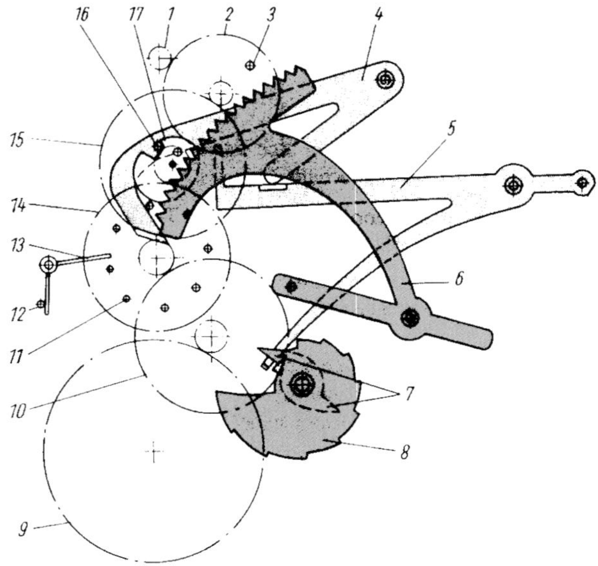

Bild 86. Rechenschlagwerk (Grundstellung)

1 Windfangtrieb; *2* Anlaufrad mit Trieb; *3* Anlaufstift; *4* Einfallhebel; *5* Auslösehebel; *6* Rechen; *7* Minutenrohr (Zeigerwellentrieb) mit zwei Auslösenocken von ungleicher Hebellänge; *8* Stundenstaffel auf Stundenrad; *9* Antriebsrad (Ketten-Trommel- oder Federrad); *10* Beisatzrad mit Trieb; *11* Hebnägelstift; *12* Begrenzungsstift; *13* Hammerhebewelle; *14* Hebnägelrad mit Trieb; *15* Schöpferrad mit Trieb; *16* Einfallhebelstift; *17* Schöpfer mit Stift und Einfallnocken

Funktion beim vollen Stundenschlagen

Der längere Auslösenocken des Zeigerwellentriebes hebt langsam den Auslösehebel, der mit seinem zweiten Arm den Einfallhebel hebt, bis sein Stift aus dem Ausschnitt des Nockens am Schöpfer heraustritt. Dadurch werden der Schöpfer und das Anlaufrad gelöst. Das so gelöste Räderwerk dreht sich jedoch nur um eine Bahn, die einem Drittel der Umdrehung des Anlaufrades entspricht, weil der Anlaufstift an den gehobenen zweiten Arm des Auslösehebels stößt. Dieser Vorgang heißt „Anlauf", und er beginnt etwa 7 min vor der eigentlichen Auslösung des Schlagens. Beide Hebel heben sich langsam weiter, bis die Spitze des Einfallhebels den Rechen löst, der mit seinem Stift auf eine bestimmte Stufe der Stundenstaffel fällt (Bild 87).

Die beiden Hebel heben sich weiter, bis der Auslösehebel vom Auslösenocken heruntergleitet. In diesem Augenblick wird der Anlaufstift freigegeben, und das Schlagwerk läuft an. Gleichzeitig fällt die Spitze des Einfallhebels in eine bestimmte Zahnlücke des Rechens ein, die der Anzahl der geschlagenen Stunden, durch die Stundenstaffel gegeben, entspricht. Der Schöpfer dreht sich, und sein Vorschubstift schiebt den Rechen schrittweise immer um einen Zahn vor, wobei seine neue Stellung durch die Spitze des Einfallhebels gesichert wird. Parallel hebt der Hebnägelstift den Hammer, der dann auf den Gong fällt. Nach jedem Hammerschlag fällt die Spitze des Einfallhebels in die Zahnlücke des Rechens ein, so daß der Stift des Einfallhebels nicht in den Nocken des Schöpfers eintreten kann.

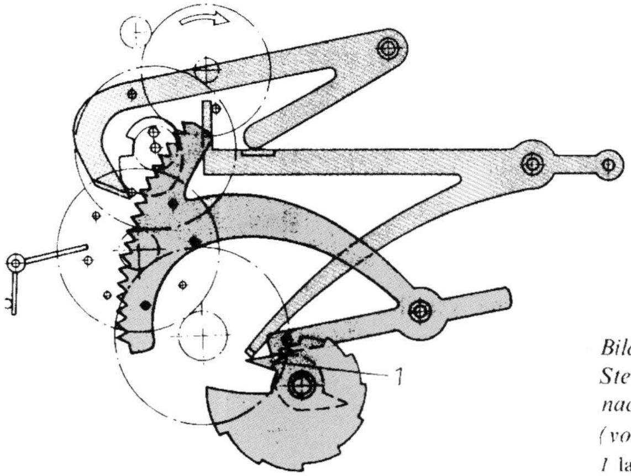

Bild 87
Stellung der Auslöseeinrichtung nach dem Anlauf (vor dem Schlagen der vollen Stunde)
1 langer Auslösenocken

Das Schlagwerk ist so lange in Gang, bis sich die Spitze des Einfallhebels außerhalb des Rechens befindet. Dadurch sinkt der Hebel, bis sein Stift im Einschnitt des Nockens anliegt. Der Einfallhebel stößt im nächsten Augenblick an den Anlaufstift, und das Schlagwerk bleibt stehen.

Funktion beim Schlagen der halben Stunde

Der Auslösehebel wird vom zweiten kürzeren Auslösenocken des Zeigerwellentriebes erfaßt. Durch das Heben des Auslösehebels löst er den Anlaufstift des Anlaufrades, und es kommt zum normalen Anlauf des Schlagwerkes. Weil der Auslösenocken kürzer ist, auch seine Hebebahn ist kürzer, wird der Auslösehebel nicht wesentlich angehoben. Demzufolge fällt auch nicht der Rechen auf die Stundenstaffel. Der Rechen bleibt in seiner Grundstellung. Er wird von der Spitze des Einfallhebels festgehalten (Bild 88). Wenn der Auslösehebel vom Auslösenocken heruntergleitet, wird das Schlagwerk in Gang gebracht. Das Schöpferrad dreht sich jedoch nur einmal, weil der Einfallhebelstift ständig am Umfang des sich drehenden Schöpfers anliegt, bis er im Einschnitt anstößt und der Anlaufstift festgehalten wird. Der Hammer schlägt einmal auf den Gong, und das Schlagwerk bleibt wieder stehen.

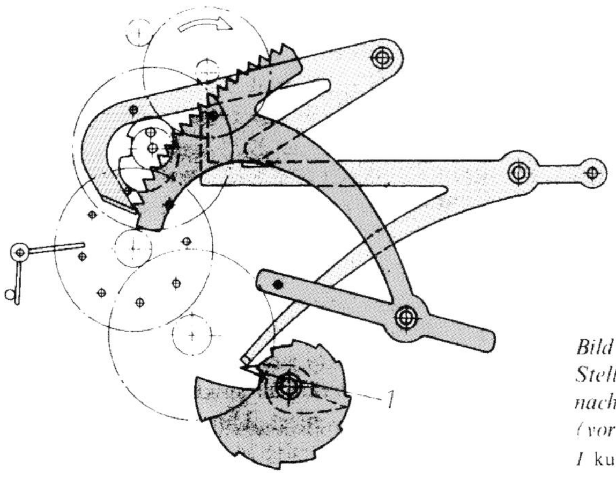

Bild 88
Stellung der Auslöseeinrichtung nach dem Anlauf (vor dem Schlagen der halben Stunde)
1 kurzer Auslösenocken

10. Weckwerk

Das Weckwerk ist eine Zusatzeinrichtung, die ihre Funktion nur in Verbindung mit dem Uhrwerk ausüben kann. Seine Aufgabe besteht in der Abgabe von Klangzeichen nach Ablauf einer vorgewählten Zeitspanne.

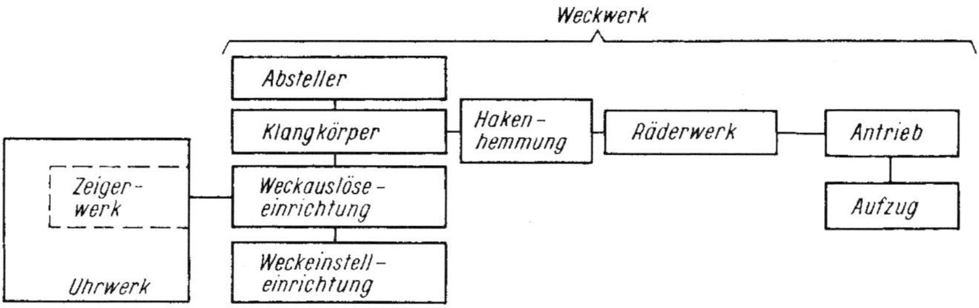

Bild 89. Schema eines Weckers

Ein Weckwerk setzt sich aus acht Baugruppen (Bilder 89 und 90) zusammen.

Die akustische Anzeige besteht aus einer Glocke oder einem anderen Klangkörper und dem *Hammer*. Die Schwingungszahl des Hammers je Sekunde, die die Tonqualität und -stärke beeinflußt, ist einerseits vom Drehmoment am Weckersteigrad, andererseits von der Masse des Hammers und von dessen Entfernung vom Drehpunkt abhängig. Der Hammer wirkt gleichzeitig als Regler der Drehgeschwindigkeit des Räderwerks für das Weckwerk.

Die Weckerhemmung besteht aus einem *Weckeranker* mit Hammer und einem *Weckersteigrad.* Normalerweise verwendet man dafür die rückführende Hemmung (Hemmung mit Hakenanker, s. Abschn. 3.1.1.) wie bei Großuhrwerken. Sie hat jedoch eine andere Aufgabe, indem sie zur Wandlung der Drehbewegung des Räderwerks in die Schwingbewegung des Hammers dient.

Das Räderwerk des Weckwerks wird durch ein oder manchmal zwei Zahnradpaare gebildet. Im Vergleich zum Räderwerk des Gehwerks besteht seine Aufgabe nur darin, als Übersetzung ins Schnelle zu wirken. Ein großes Drehmoment und eine kleine Drehzahl am Federrad sind in ein kleines Drehmoment und in eine große Drehzahl am Weckersteigrad umzuformen.

Der Antrieb ist ein Energiespeicher, ähnlich wie beim Gehwerk (s. Abschn. 5.2.). Er besteht aus einer *Antriebsfeder für Weckwerk*, die schwächer ist als die Antriebsfeder des Gehwerks. Zum Schluß des Abwickelns der Weckwerkfeder sinkt das Drehmoment erheblich, wodurch sich der Ton beim Wecken verschlechtert. Um das zu verhindern, wird die Hammerwelle mit einem *Haltehebel* versehen, häufig in Form eines Drahtes.

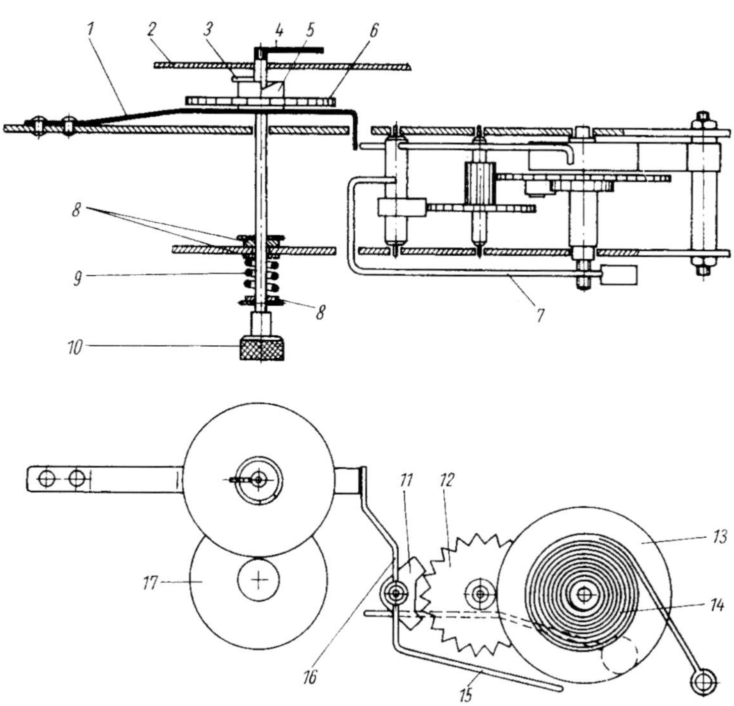

Bild 90. Weckwerk (Weckeinstellzeiger auf der Weckeinstellwelle)

1 Weckauslösefeder; *2* Zifferblatt; *3* Auslösestift; *4* Weckeinstellzeiger; *5* Auslösenocken; *6* Weckeinstellrad; *7* Hammer; *8* Scheiben; *9* Reibkupplungsfeder; *10* Stellknopf; *11* Weckeranker; *12* Weckersteigrad; *13* Federrad für Weckwerk; *14* Weckwerkfeder; *15* Haltehebel; *16* Auslösehebel; *17* Wechselrad

An ihm liegt die Weckwerkfeder zum Schluß ihres Ablaufes an und stoppt dadurch die Hammerbewegung und das Weckwerk. Bei einigen Konstruktionen übt nur eine Feder die Funktion des Antriebs sowohl für das Uhrwerk als auch für das Weckwerk aus.

Die Weckauslöseeinrichtung verbindet das Uhrwerk mit dem Weckwerk. Sie besteht aus einem *Weckeinstellrad*, dem *Auslösestift*, einer *Weckauslösefeder* und einem *Auslösehebel*, der mit der Weckankerwelle und dem Hammer verbunden ist. Das Weckeinstellrad ist frei drehbar und verschiebbar auf der Weckeinstellwelle angebracht. Die Bewegung bekommt es vom Zeigerwerk (Wechselrad). Das Weckeinstellrad hat einen rohrartigen Nocken, auf dem der Auslösestift entlang gleitet und an den es durch die Weckauslösefeder gedrückt wird. Durch den Druck der Weckauslösefeder auf das Weckeinstellrad entsteht jedoch eine Reibung, die dem Uhrwerk einen kleinen Teil der Antriebsenergie nimmt.

Das Weckwerk wird von der Auslösefedernase angehalten, die die Hammerbewegung verhindert, indem sie in seine Bahn eingreift. Es wird erst dann in Gang gesetzt, wenn sich der Nockenausschnitt unter dem Auslösestift befindet. In diesem Augenblick verschiebt sich das Weckeinstellrad an der Welle unter dem Druck der Weckauslösefeder, bis der Stift am Boden des Nockenausschnitts anliegt. Dadurch hebt sich auch die Weckauslösefeder. Ihre Nase schiebt sich aus der Bahn des Auslösehebels, und das Weckwerk wird ausgelöst.

In einer Weckwerkkonstruktion mit *zentralem Weckzeiger* (Bild 91) wird die Funktion des Weckeinstellrades direkt vom Stundenrad des Zeigerwerks ausgeübt, das verschiebbar auf dem Minutentriebzapfen angebracht ist und ständig unter dem Druck der Weckauslösefeder steht. An die Stelle des Auslösestifts tritt eine Nase, die direkt auf dem Stundenrad angebracht ist. Der Auslösenocken ist in diesem Fall fest mit dem zentralen Weckeinstellzeiger verbunden.

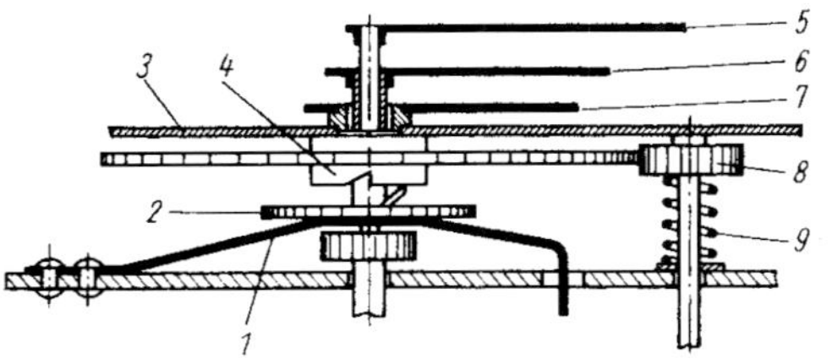

Bild 91. Weckauslöseeinrichtung des Weckers mit zentralem Weckeinstellzeiger

1 Weckauslösefeder; *2* Stundenrad; *3* Zifferblatt; *4* Weckeinstellrad mit Auslösenocken; *5* Minutenzeiger; *6* Stundenzeiger; *7* Weckeinstellzeiger; *8* Weckeinstelltrieb; *9* Reibkupplungsfeder

Der Aufzug besteht aus einem Sperrad mit Sperrklinke, wie beim Gehwerk (siehe Abschn. 7.1.). Einfache Wecker zieht man mit einem Schlüssel auf, Armbanduhrwecker mit einer Krone, die durch die Aufzugeinrichtung mit dem Antrieb für das Weckwerk verbunden ist.

Die Weckeinstelleinrichtung ist mit einer Reibkupplung versehen (Bild 90), die die Weckeinstellwelle mit dem Weckeinstellzeiger, den Auslösestift und den Stellknopf in der eingestellten Lage hält. Die Reibkupplungsfeder muß stark federn, damit das Weckeinstellrad die Weckeinstellwelle nicht mitdrehen kann.

Bei den Konstruktionen nach Bild 91 wird der zentrale Weckeinstellzeiger mit dem Auslösenocken und dem großen Weckeinstellrad fest verbunden. Den Stellknopf trägt eine besondere Welle mit Weckeinstelltrieb. Beim Armbanduhrwecker wird die Funktion des Stellknopfes durch eine Krone erfüllt.

Der Absteller ermöglicht es, das Wecken zu unterbrechen. Mit Hilfe eines Druckknopfes, eines Hebels oder durch Herausziehen der Krone werden der Hammer oder das Weckersteigrad angehalten.

Die letztgenannten drei Einrichtungen sind Hilfsmechanismen. Sie dienen zur Betätigung des Weckwerks.

11. Selbstaufzug von Armbanduhren

Der Selbstaufzug (häufig auch Schwungmassenaufzug genannt) wird durch eine Zusatzeinrichtung des Uhrwerks bewirkt, die zum Spannen der Zugfeder dient. Die Uhr wird durch unbewußt ausgeführte Armbewegungen aufgezogen.

Durch den Selbstaufzug hat eine Uhr den Vorteil, daß bessere Bedingungen für ein genaues Zeitmeßergebnis gegeben sind. Beim ständigen Tragen wird die Zugfeder ständig nachgezogen, und das Drehmoment ist deshalb weniger veränderlich als bei Uhren ohne Selbstaufzug (Bild 93), die täglich nur einmal aufgezogen werden.

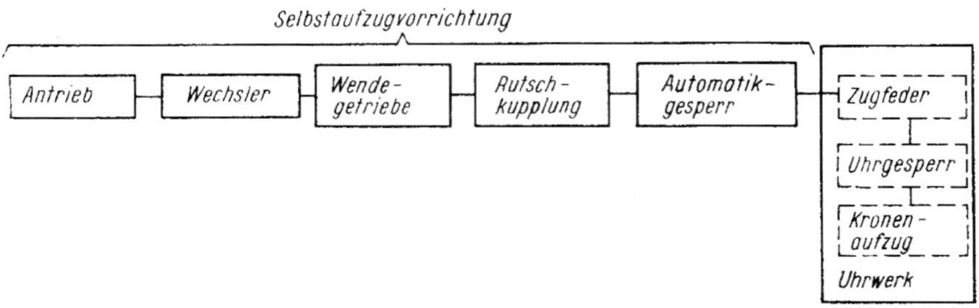

Bild 92. Schema eines Selbstaufzugmechanismus

Der Selbstaufzugmechanismus wird über dem Grunduhrwerk angeordnet; er besteht aus fünf Vorrichtungen (Bilder 92 und 94).

Der Antrieb des Selbstaufzugmechanismus wird durch den *Rotor* gebildet, der als ein segmentförmiges Massestück in der Mitte der Uhr gelagert ist. Seine Bahn wurde bei einigen Konstruktionen durch die Anschlagfeder begrenzt, bei anderen Konstruktionen ist sie jedoch unbegrenzt und kann 360° überschreiten. Die Drehbewegung des Rotors verläuft unregelmäßig nach links oder rechts. Sie entspricht den Armbewegungen und wird einerseits durch die Gravitation, die ständig den Rotor nach unten zieht, andererseits durch die Trägheitskräfte bei raschen Bewegungen des Arms hervorgerufen. Das Drehmoment hängt vom Durchmesser und von der Masse des Rotors ab. Dabei spielen die Häufigkeit und Kompliziertheit der Armbewegungen eine Rolle (Beschäftigungsart und Temperament des Trägers). Der Rotorkranz wird oft aus einer Legierung von Schwermetallen, z. B. Wolfram, hergestellt.

Die Rotorlager werden durch die große Masse des Rotors sehr beansprucht. Hinzu kommt der kleine Abstand, weil der Selbstaufzug flach sein muß, damit er die Höhe der Uhr nicht zu sehr vergrößert. Zum Schmieren der Rotorlager muß ein spezielles Öl mit sehr guter Schmierfähigkeit verwendet werden. Bild 95 stellt drei unterschiedliche Lagerungen des Rotors dar.

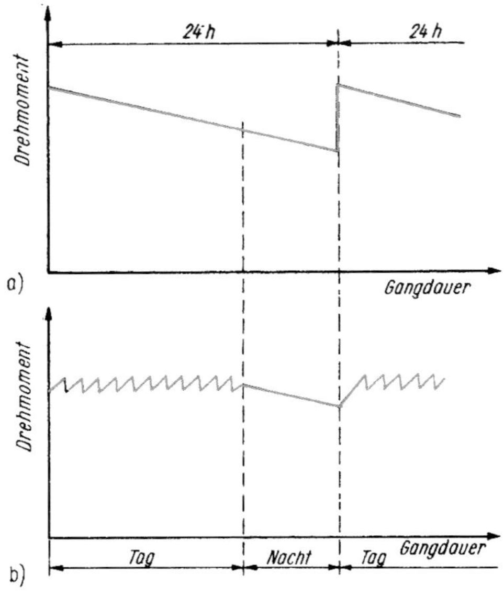

Bild 93. Verlauf des Drehmoments bei Uhren

a) manueller Autzug;
b) automatischer Aufzug

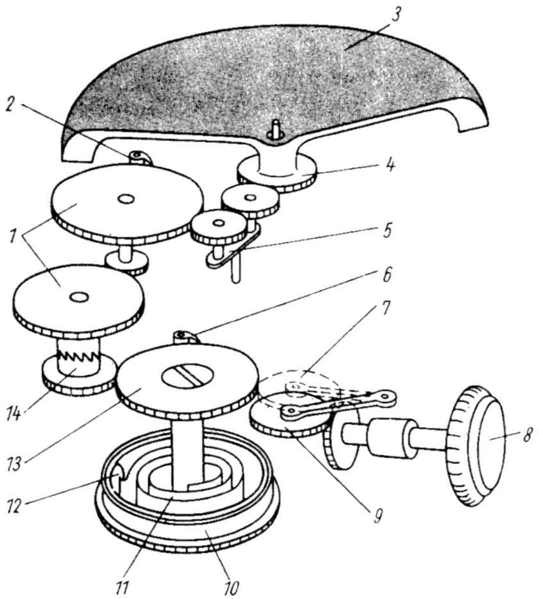

Bild 94. Beispiel des Selbstaufzugmechanismus (Wechsler mit Zahnrädern)

1 Reduktionsräder I u. II; *2* Wechslersperrklinke; *3* Rotor; *4* Rotortrieb; *5* Wechsler (Wendehebel); *6* Klinke, *7* Kronenaufzug; *8* Krone; *9* Zeigerstellung; *10* Federhaus; *11* Zugfeder; *12* Gleitzaum (Rutschkupplung); *13* Sperrad; *14* Automatikgesperr

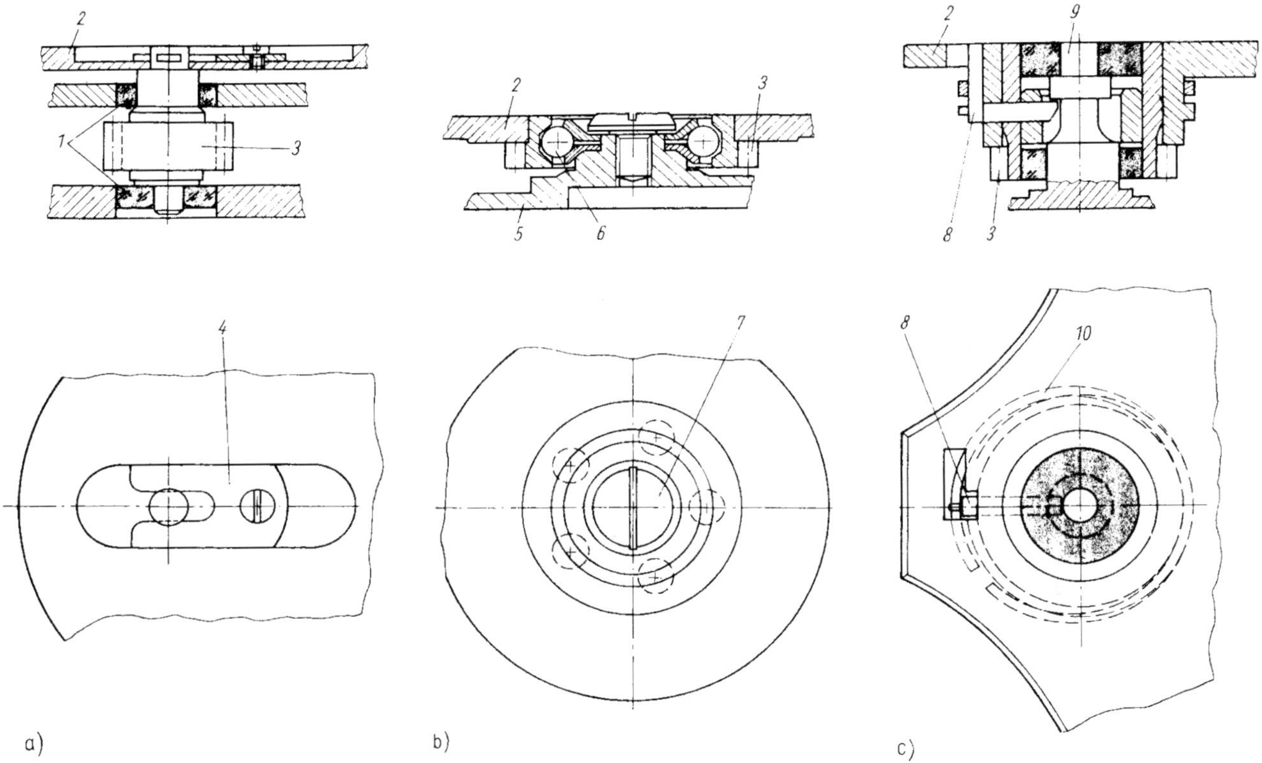

Bild 95. Rotorlagerungen

a) Zapfenlagerung; b) Kugellagerung; c) Lagerung auf feststehendem Zapfen
1 Lochstein für Rotor; *2* Rotor; *3* Rotortrieb; *4* Splint; *5* Rotorbrücke; *6* Kugellager; *7* Befestigungsschraube; *8* axialer Riegel; *9* Rotorsäule (fester Zapfen); *10* Riegelfeder

Der Wechsler (Wendehebel) dient zum Umformen der Rotorbewegung (abwechselnd links-, rechtdrehend) in die Richtung, die man zum Aufziehen der Zugfeder braucht. Es gibt eine Reihe verschiedener Wechselkonstruktionen.

Man kann sie in drei Gruppen einteilen: Wechsler mit Zahnrädern, Freilaufwechsler (mit Sperrklinke) und Exzenterwechsler. Die Bilder 96, 97 und 98 zeigen je ein Beispiel aus jeder Gruppe. Bei manchen Selbstaufzugkonstruktionen ist der Wechsler wesentlich einfacher – man nutzt nur die Rotorbewegung einer Richtung, die Rückbewegung des Rotors läuft leer.

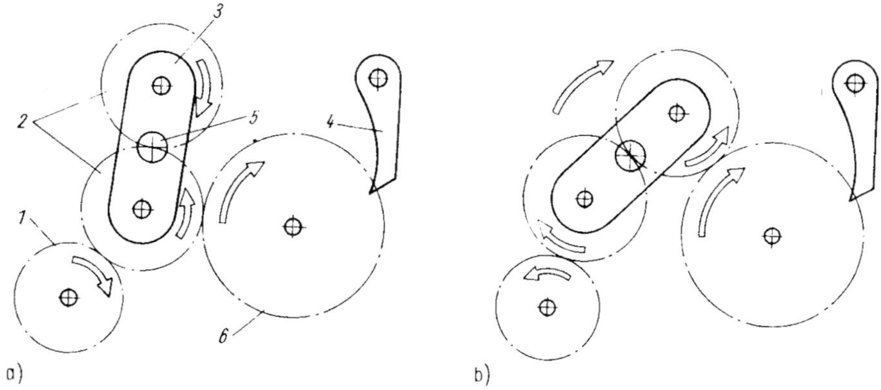

Bild 96. Wechsler mit Zahnrädern

a) Rotorbewegung rechts; b) Rotorbewegung links

1 Rotortrieb; *2* Wechselräder; *3* Wendehebel; *4* Wechslersperrklinke; *5* Wendehebellagerung; *6* Reduktionsrad I

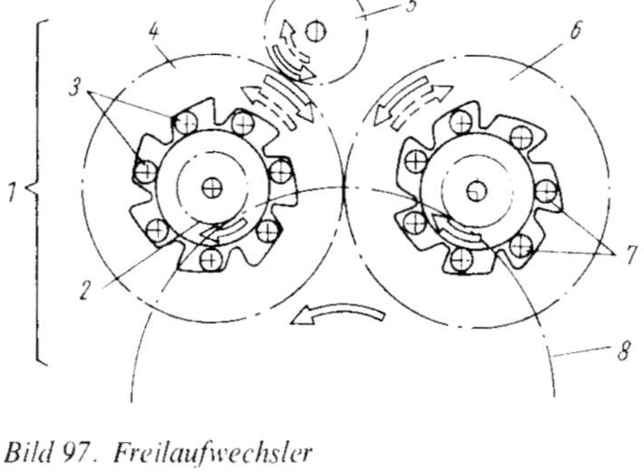

Bild 97. Freilaufwechsler

1 Freilauf I; *2* Freilauftrieb; *3* Rollen (in angeschlossener Lage); *4* Freilaufrad; *5* Rotortrieb; *6* Freilauf II; *7* Rollen (in gelöster Lage); *8* Reduktionsrad (dreht sich ständig in gleicher Richtung)

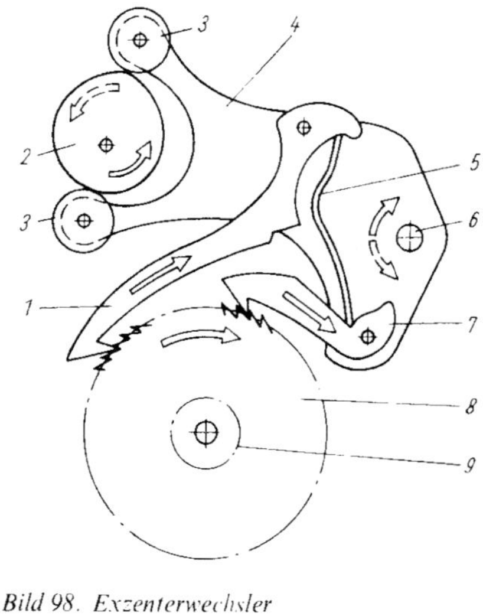

Bild 98. Exzenterwechsler

1 Sperrklinkenhebel II; *2* Exzenter (verbunden mit Rotor); *3* Rolle; *4* Kulisse; *5* Sperrklinkenfeder; *6* Kulissenlagerung; *7* Sperrklinkenhebel I; *8* Sperrrad (dreht sich ständig in gleicher Richtung); *9* Sperradtrieb

Das Übersetzungsgetriebe des Selbstaufzugmechanismus hat die Aufgabe, als Übersetzung ins Langsame zu wirken. Eine kleine Aufzugkraft bei großer Rotordrehzahl ist in eine große Kraft bei kleiner Drehzahl umzuformen, wie man sie zum Aufziehen der Zugfeder braucht. Das Getriebe muß so gewählt werden, daß der Rotor das Gegenmoment durch seine Masse sicher überwinden kann. Es besteht immer aus Zahnrädern, die bei den Konstruktionen mit Exzenterwechsler durch Hebel- und Nockengetriebe ergänzt werden.

Die Rutschkupplung verhindert, daß Selbstaufzugteile beschädigt werden. Beim automatischen Aufziehen sichert sie die Übertragung des Drehmoments vom Rotor auf die Zugfeder. Nach dem Vollaufzug der Zugfeder gleitet (rutscht) sie. In einigen Fällen wird sie am letzten Trieb des Übersetzungsgetriebes angebracht (Bild 99). Häufiger allerdings wird sie als *Gleitzaum* konstruiert (Bild 100). Ein Gleitzaum ist ein Band, das aus einem dickeren Werkstoff als die Zugfeder besteht. Er liegt im Federhaus und drückt durch seine Elastizität an dessen innere Wandung. Dadurch entsteht die Reibung, die zur Übertragung des Drehmoments notwendig ist. Die Zugfeder wird in einen Haken des Gleitzaums eingehängt, der nach dem Vollaufzug der Zugfeder im Federhaus gleitet (rutscht). Die innere Wandung des Federhauses ist glatt (ohne Haken); sie wird mit einem speziellen Schmierstoff, der Molybdändisulfid enthält, geschmiert.

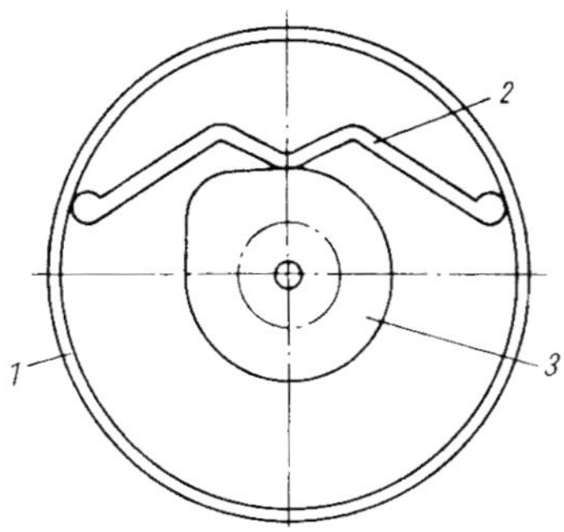

Bild 99 Gleitkupplung „Oterotest"
1 Trommel (verbunden mit dem Reduktionsrad); *2* Reibfeder; *3* Gleitnocken (verbunden mit dem Reduktionstrieb)

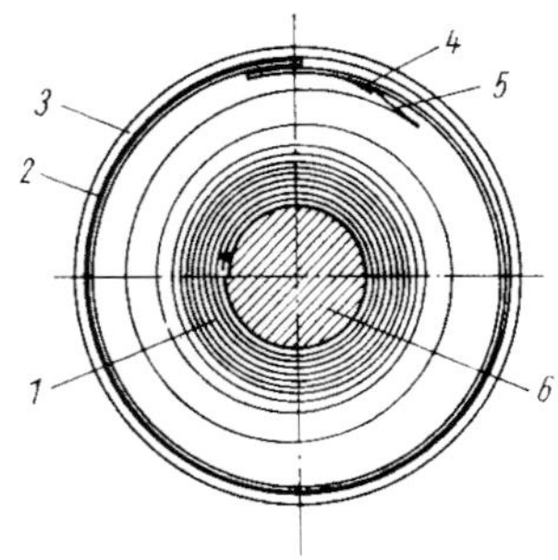

Bild 100 Gleitzaum (Rutschkupplung)
1 Zugfeder; *2* Gleitzaum; *3* Federhaustrommel; *4* Haken am Gleitzaum; *5* Zugfederzaum; *6* Federwelle

Das Selbstaufzuggesperr hat die Aufgabe, die Funktion des Selbstaufzugs während des manuellen Aufziehens auszuschalten. Während des automatischen Aufzugs sichert es eine feste Verbindung und dadurch auch die Kraftübertragung vom Rotor auf die Zugfeder, während es beim Aufziehen mit der Krone[1]) leer überspringt. Aus der ganzen Reihe verwendeter Konstruktionen zeigen wir ein Beispiel (Bild 101). Seine Anwendung ist notwendig bei den Konstruktionen eines Selbstaufzugmechanismus, bei denen man Wechsler mit Zahnrädern verwendet (Bild 96). Bei Selbstaufzugkonstruktionen mit Freilaufwechsler (Bild 97) und Exzenterwechsler (Bild 98) entfällt das Gesperr des Selbstaufzugmechanismus, weil seine Funktion der Wechsler selbst übernimmt.

Bei anderen Selbstaufzugkonstruktionen wird der Handaufzug außerdem durch das *Kronenaufzuggesperr* ergänzt. Die Aufgabe dieser Einrichtung besteht darin, die Dreh-

[1]) Das Aufziehen mit der Krone ist bei den automatischen Uhren notwendig, damit man sie schnell in Gang setzen kann, wenn sie z. B. eine bestimmte Zeit nicht am Arm getragen wurden, oder damit man sie in Gang halten kann, wenn der linke Arm nicht genug Bewegungen ausübt.

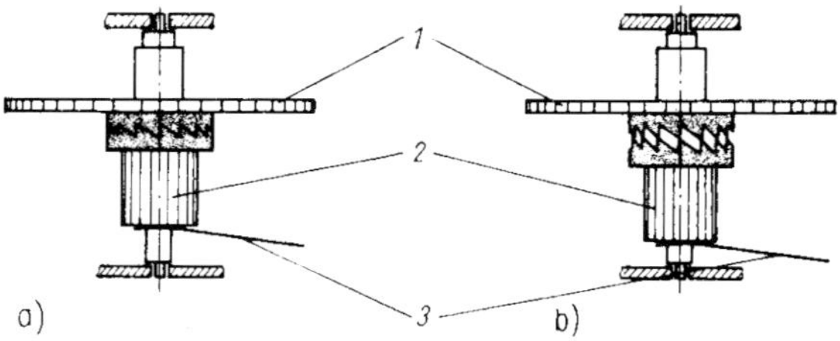

Bild 101 Selbstaufzuggesperr

a) während der Funktion des Selbstaufzugs (Gesperrzähne verbinden Rad mit Trieb); b) während des Aufziehens mit der Krone (Gesperrzähne springen leer über)

1 Reduktionsrad; *2* Reduktionstrieb; *3* Druckfeder

bewegung des Kupplungsrades und das Überspringen seiner Zahnkupplung im Verlauf des Aufziehens der Zugfeder durch Selbstaufzug auszuschalten. Diese Konstruktion erhöht die gesamte Wirkung des Selbstaufzugs. Es gibt verschiedene Konstruktionen von Gesperren des Kronenaufzugmechanismus. Ein Beispiel sieht man auf Bild 94, wo ein Aufzugrad schwenkbar (auf einem Hebel) angebracht ist. Während des Aufziehens der Zugfeder durch den Rotor wird es vom Druck der Zähne *aus* dem Eingriff, beim Aufziehen mit der Krone vom Druck der Zähne *in* den Eingriff geschoben. Das Gesperr des Handaufzugs wird manchmal in einer Kombination mit dem Selbstaufzuggesperr verwendet (sog. doppeltes Gesperr, das auf dem Federwellenvierkant angebracht ist).

12. Stoppuhrwerk

Beim Chronographen gibt es eine Zusatzeinrichtung, die in Verbindung mit dem normalen Uhrwerk eine zusätzliche *Stoppuhr* bildet. Die Uhr dient zur Messung von Zeitabschnitten mit einer Genauigkeit von weniger als 1 s. Zu diesem Zweck ist der Chronograph mit einem besonderen zentralen Sekundenzeiger ausgestattet, der drei Grundfunktionen auszuüben hat:

- Gang
- Stopp
- Rückkehr auf Null.

Es gibt eine ganze Reihe verschiedener Chronographenkonstruktionen. Zur Erklärung ihrer Funktionen und zur Beschreibung ihrer elementaren Teile werden wir uns mit der Konstruktion nach Bild 102 beschäftigen.

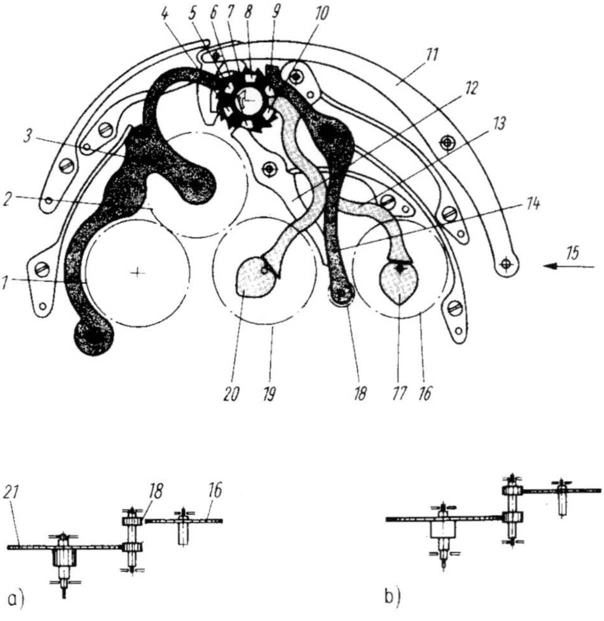

Bild 102. Stoppuhrwerk (Chronograph)

a) Eingriff zwischen 16 und 18 unterbrochen; b) Eingriff zwischen 16 und 18 vorhanden
1 Übersetzungsrad I (ständige Kupplung mit dem Sekundenrad); *2* Übersetzungsrad II; *3* Stellhebel; *4* Steuernocken 2; *5* Steuernocken 1; *6* Steuernocken 3; *7* Schaltrad; *8* Steuernocken 6; *9* Steuernocken 5; *10* Steuernocken 4; *11* Schalthebel; *12* Bremshebel; *13* Nullstellhebel; *14* Minutenhebel; *15* Schaltdruckrichtung; *16* Minutenzählrad; *17* Minutenherz; *18* Übertragungstrieb; *19* Zentrumsrad; *20* Sekundenherz; *21* Minutenrad

Der zentrale Teil des Stoppuhrwerks ist das Schaltrad (Bild 103), das eine Klinkenradverzahnung und fünf (oder sechs) Steuernocken hat. Es wird durch einen Druckknopf betätigt. Ein Druck auf den Druckknopf wird über den Schalthebel und durch die auf ihm angebrachte Sperrklinke bis zur Klinkenradverzahnung des Schaltrades übertragen. So rückt das Schaltrad immer um einen Zahn weiter, wobei seine Stellung nach jedem Überspringen eines Zahnes durch die *Federsperrklinke* gesichert wird.

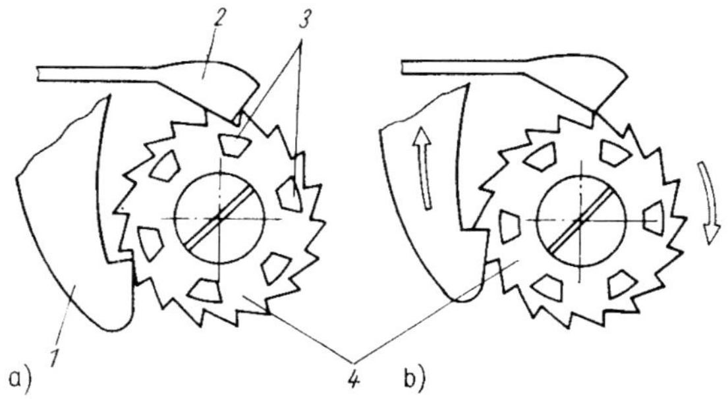

Bild 103. Schaltrad (Funktion der Sperrklinke)
a) Grundstellung; b) Augenblick des Sprungs
1 Zugsperrklinke, *2* Federsperrklinke; *3* Steuernocken; *4* Schaltrad

Das Schaltrad dreht sich um einen Zahn in der ersten Hälfte der Bahn auf der langsam steigenden Fläche der Federsperrklinke, bis ihre Kante die Zahnspitze des Klinkenrades erreicht hat (Bild 103b, der sog. *Augenblick des Sprungs*). In der zweiten Hälfte der Bahn kommt es zu einer heftigen Bewegung des Schaltrades in eine neue Stellung durch den Druck der *steil steigenden Fläche* der Federsperrklinke. Der Augenblick des Sprungs ist für die richtige Funktion der Stoppuhr sehr wichtig. Mit Rücksicht auf ihn muß die Bewegung der einzelnen durch die Steuernocken des Schaltrades betätigten Hebel eingestellt werden, damit die oben angeführten drei Grundfunktionen der Stoppuhr gesichert werden können. Man muß dreimal den Drucknopf drücken, damit ein bestimmter Steuernocken des Schaltrades die Stelle des vorhergegangenen Steuernockens einnehmen kann. Das entspricht der Drehung des Schaltrades um drei Zähne der Klinkenradverzahnung.

Die Verbindung zwischen dem Stoppuhrwerk des Chronographen bildet das Räderwerk der Stoppuhr, das aus drei Rädern besteht:

- dem Übersetzungsrad *I* (aufgepreßt auf den verlängerten Sekundenradtriebzapfen des Räderwerks)
- dem Übersetzungsrad *II*, das vom Stellhebel getragen wird
- dem Zentrumsrad, auf dessen Welle der Sekundenzeiger der Stoppuhr aufgesetzt ist.

An dem Zentrumsrad ist das *Herz* angebracht, das von dem anfallenden Nullstellhebel in die Nullstellung zurückgedrückt wird. Dabei springt der auf Null justierte Zeiger in die Ausgangsstellung zurück.

Die Umdrehungszahl des Sekundenzeigers wird von dem Minutenzählzeiger addiert, der die gestoppte Zeit in Minuten angibt, und zwar auf einer kleinen exzentrisch angebrachten Skale des Zifferblatts. Er wird vom *Minutenzählrad der Stoppuhr* getragen, das durch das *Übertragungstrieb* in Bewegung gebracht wird, das ständig in das Minutenrad des Räderwerks der Uhr eingreift. Das Übertragungstrieb wird in Eingriff mit dem Minutenzählrad der Stoppuhr gebracht und aus dem Eingriff mittels des Minutenhebels, der durch das Schaltrad betätigt wird, ausgeschaltet. Das *Minutenzählrad* der Stoppuhr ist gleichfalls mit einem Herz versehen, das den Minutenzählzeiger in die Nullstellung zurückbringt.

Der Verlauf der drei Grundfunktionen der Stoppuhr beginnt bei der Stellung, wie sie Bild 102 zeigt.

Beim ersten Drücken des Druckknopfes dreht sich das Schaltrad in Richtung des Pfeiles. Der Steuernocken *5* hebt den Nullstellhebel an (Bild 104), wodurch beide Herzen gelöst werden. Steuernocken *1* löst den Stellhebel (Bild 105), der, gedrückt durch seine Feder, das Übersetzungsrad *II* in Eingriff mit dem Zentrumsrad bringt. Dadurch wird der Sekundenzeiger der Stoppuhr in Gang gesetzt. Gleichzeitig löst der Steuernocken *5* den Minutenhebel, der, gedrückt durch seine Feder, das Übertragungstrieb in Eingriff mit dem Minutenzählrad bringt. So wird auch der Minutenzählzeiger der Stoppuhr in Gang gebracht. In beiden Fällen darf es grundsätzlich erst nach dem Augenblick des Sprungs zum Eingriff kommen.

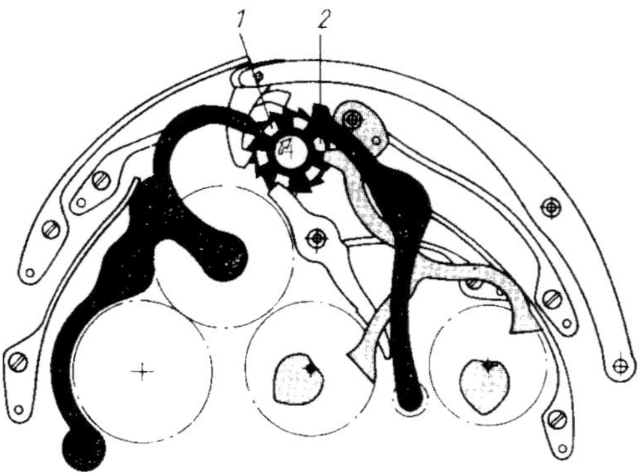

Bild 104. Zwischenstellung vor dem Stoppvorgang

1 Steuernocken 1; *2* Steuernocken 5

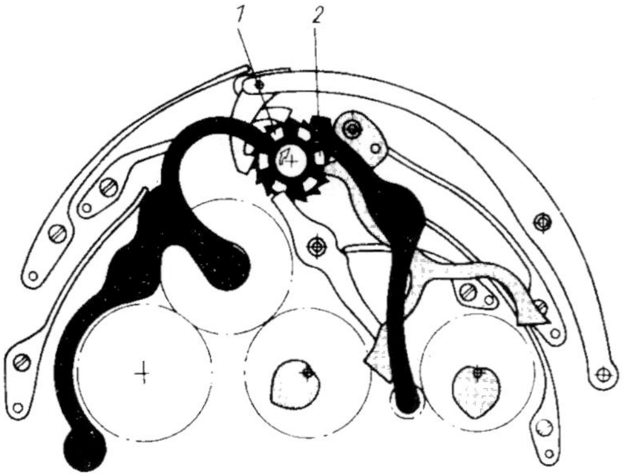

Bild 105. Beginn des Stoppvorgangs

1 Steuernocken 1; *2* Steuernocken 5

Beim zweiten Drücken des Druckknopfes dreht sich das Schaltrad um einen weiteren Zahn der Klinkenradverzahnung. Der Steuernocken *3* löst zuerst den Schalthebel, der, gedrückt durch seine Feder, das Zentrumsrad bremst und dadurch auch den Sekundenzeiger stoppt. Dieser Bremsvorgang muß im Augenblick des Sprungs erfolgen (Bild 106). Der Steuernocken *2* hebt den Stellhebel (Bild 107), der den Eingriff des Übersetzungsrades *II* mit dem Zentrumsrad unterbricht. Die Unterbrechung muß immer im Augenblick des Sprungs erfolgen. Der Steuernocken *6* hebt den Minutenhebel, der den Über-

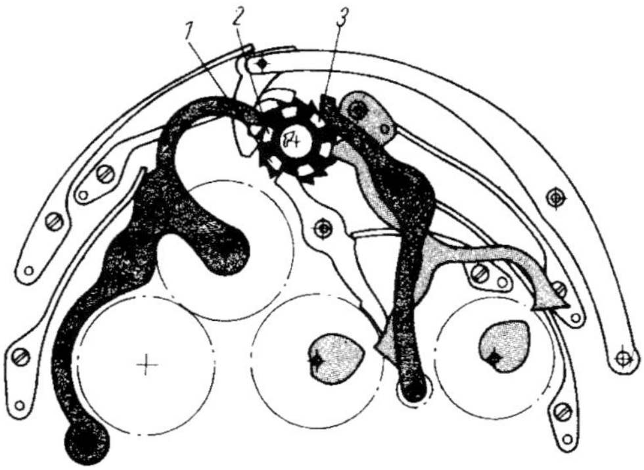

Bild 106. Zwischenstellung vor dem Anhalten

1 Steuernocken 3;
2 Steuernocken 2;
3 Steuernocken 6

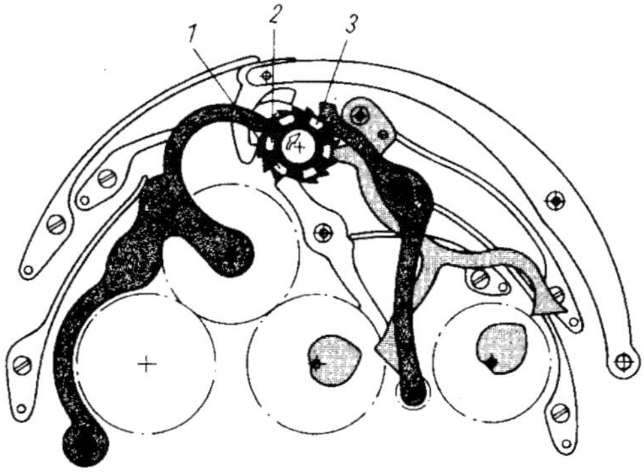

Bild 107. Anhalten des Stoppvorgangs

1 Steuernocken 3;
2 Steuernocken 2;
3 Steuernocken 6

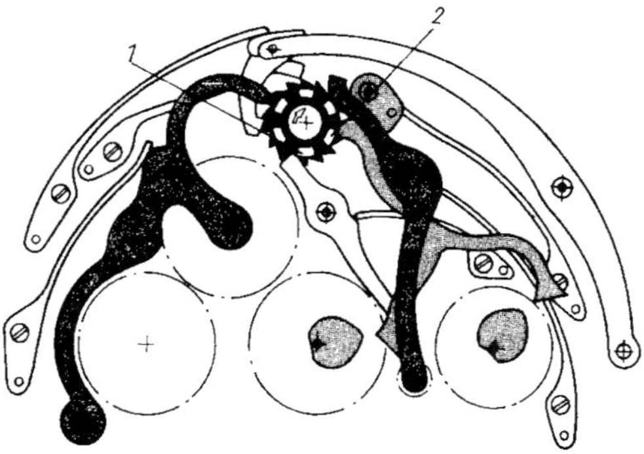

Bild 108. Zwischenstellung vor der Rückkehr in die Nullage

1 Steuernocken 4;
2 Steuernocken 5

tragungstrieb mit dem Minutenzählrad aus dem Eingriff herausschwenkt. So wird auch der Minutenzählzeiger gestoppt.

Beim dritten Drücken des Druckknopfes dreht sich das Schaltrad um einen weiteren Zahn. Der Steuernocken *4* hebt den Schalthebel an, wodurch das Zentrumsrad gelöst wird (Bild 108). Der Steuernocken *5* löst den Nullstellhebel, der, gedrückt durch seine Feder, auf die beiden Herzen fällt. Er rutscht auf ihnen bis in die niedrigste Lage und stellt dadurch die beiden Zeiger auf Null (Bild 102). Die Lösung des Nullstellhebels durch den Schaltnocken *5* muß zuletzt erfolgen, damit man sichern kann, daß der Schalthebel vom Umfang des Zentrumsrades entfernt ist.

Die beschriebene Konstruktion wird für Chronographen verwendet, bei denen das Gehwerk der Uhr vom Stoppuhrwerk getrennt ist. Das Uhrwerk bleibt ständig in Gang; es wird beim Messen der gestoppten Zeitabschnitte nicht angehalten.

Weniger kompliziert ist die Konstruktion der einfachen Stoppuhr oder *Sekundenstoppuhr* (Bild 109), die nur zum Messen der gestoppten Zeitabschnitte geeignet ist. Beim Anhalten des Sekundenzeigers bleibt auch das Uhrwerk stehen. Dieser Konstruktion fehlen die Stell- und Minutenhebel mit den entsprechenden Zahnrädern, weil ihre Funktionen das Räderwerk der Uhr übernimmt. Der Haltehebel wirkt durch den Federstift direkt auf den Unruhring.

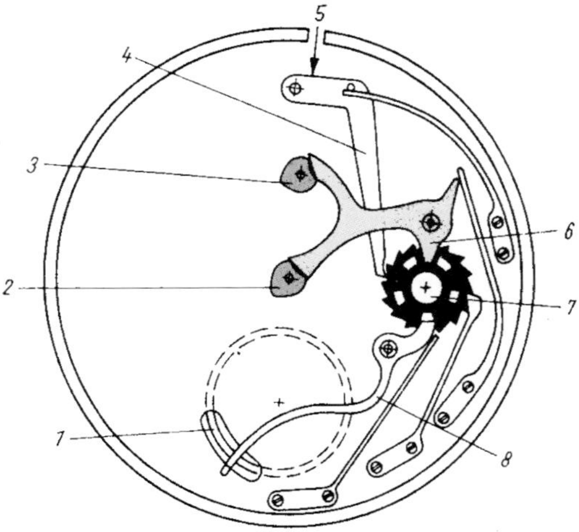

Bild 109. Konstruktion der einfachen Stoppuhr ($^1/_5$-Sekundenstopper)

1 Unruhring; *2* Herz des Zentrumsrades; *3* Herz des Minutenzählrades; *4* Schalthebel; *5* Schaltdruckrichtung; *6* Nullstellhebel; *7* Schaltrad; *8* Haltehebel

Die Genauigkeit der Stoppuhr kann bei den Zeitabschnittmessungen einen Fehler bis 0,2 s in solchen Werken enthalten, deren Unruh 18000 Halbschwingungen je Stunde macht (eine Halbschwingung dauert also 0,2 s). Diesen Fehler kann man nur durch Erhöhung der Schwingungszahl der Unruh vermindern. Darum werden auch Stoppuhren mit Schlägezahlen von 36000/h, 180000/h oder 360000/h hergestellt, bei denen der maximale Fehler 0,1; 0,02 oder 0,01/s betragen kann (s. Tafel 2).

13. Kalenderwerk

Das *Kalenderwerk* ist eine Zusatzeinrichtung des Uhrwerks, genauer gesagt, des Zeigerwerks. Es gibt die Wochentage, die Tage im Monat und die Monate an. Das Weiterschalten der Angaben führt es automatisch immer gegen Mitternacht aus.

Es gibt viele Kalenderwerkkonstruktionen. Ihre Funktion wird an der Konstruktion nach Bild 110 erklärt. Es handelt sich hier um ein Vier-Angaben-Kalenderwerk, das den Wochentag, den Tag im Monat, den Monat und die Mondphase (den Beleuchtungsstand des Mondes) angibt.

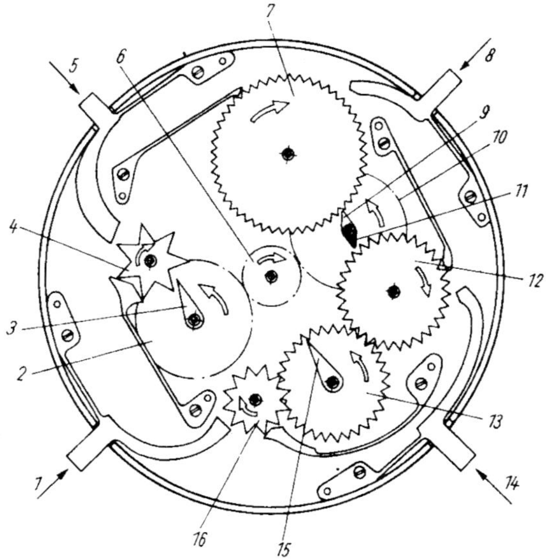

Bild 110. Kalenderwerk

1 Korrektor; *2* Tagesrad I; *3* Schaltfinger; *4* Sternrad mit sieben Zähnen; *5* Korrektor; *6* Stundentrieb; *7* Sternrad mit 59 Zähnen; *8* Korrektor; *9* Schaltfinger; *10* Tagesrad II; *11* Schaltfinger; *12* Sternrad mit 31 Zähnen; *13* Hilfssternrad mit 31 Zähnen; *14* Korrektor; *15* Schaltfinger; *16* Sternrad mit 12 Zähnen

Den Antrieb des gesamten Kalenderwerks besorgt das Stundentrieb, das auf dem Stundenradrohr aufgesetzt wird und sich einmal in 12 h dreht. Es greift in die *Tagesräder* ein, die eine doppelte Anzahl von Zähnen haben und sich einmal in 24 h drehen. An den Tagesrädern sind *Finger* angebracht, die dazu dienen, die Sternräder immer um einen Zahn täglich zu drehen. Die Finger *9* und *11* liegen in zwei Ebenen, so daß jeweils ein Finger nur in das Sternrad *7* mit 59 Zähnen, der andere nur in das Sternrad *12* mit 31 Zähnen eingreift. Das Sternrad mit 7 Zähnen dient zur Angabe der Wochentage, das Sternrad mit 31 Zähnen zur Angabe der Tage im Monat. Das Sternrad mit 12 Zähnen dient der Angabe der Monate; seine Drehung bewirkt der Finger, der an dem Hilfssternrad mit 31 Zähnen angebracht ist, und zwar immer einmal im Monat. Das Sternrad mit 59 Zähnen dient zur Angabe der Mondphasen. Es wird durch einen der Finger am Tagesrad *II* täglich um einen Zahn weitergeschaltet.

Auf den Sternradwellen sind die Zeiger aufgesetzt, die die Zeitangabe auf den Skalen des Zifferblattes zeigen (oder es sind Scheiben mit gedruckten Angaben, die in den Öffnungen des Zifferblattes erscheinen).

Das Sternrad mit 31 Zähnen würde ein richtiges Datum anzeigen, wenn alle Monate 31 Tage hätten. Tatsächlich aber entstehen fünfmal im Jahr Fehler, und zwar immer nach Monaten, die weniger als 31 Tage haben. Diese Fehler müssen mit Hilfe des *Korrektors* berichtigt werden.

Auf das Sternrad mit 59 Zähnen ist eine Scheibe mit zwei Mondanzeigen aufgesetzt, von denen immer eine während der entsprechenden Phase in der Öffnung erscheint. Sie ist dann für die Zeit von 29 d und 12 h sichtbar. Zwei Mondanzeigen sind bei dieser Ausführung erforderlich, weil das Sternrad *7* innerhalb einer Mondphase nur eine halbe Umdrehung ausführt.

Der tatsächliche Umlauf des Mondes (von Neumond zu Neumond) um die Erde dauert allerdings 29 d, 12 h, 44 min und 2,8 s. Dadurch entsteht ein kleiner Fehler, den man gleichfalls durch einen Korrektor berichtigen kann.

Sachwörterverzeichnis